现浇混凝土空心楼盖结构分析方法及抗冲切性能研究

黄川腾 著

西北工业大学出版社
·西安·

【内容简介】 本书介绍作者近年来在空心楼盖结构分析方法及板柱节点抗冲切性能方面开展的研究成果。全书共 7 章，第 1~5 章介绍空心楼盖结构的分析、设计方法，第 6 章介绍空心楼盖板、柱节点抗冲切性能，第 7 章为全书总结及展望。本书附录还收集汇总了全国绿色建筑（评价）政策、标准，以及基于 Python 的空心楼盖自动建模及分析程序，本书研究成果可对空心楼盖设计和构造提供建议，为编制相关规范提供理论依据。

本书可供高等院校土建类高年级本科生和研究生学习空心楼盖基本知识，还可供结构工程等相关领域科研人员与工程技术人员借鉴与参考。

图书在版编目（CIP）数据

现浇混凝土空心楼盖结构分析方法及抗冲切性能研究/
黄川腾著. —西安：西北工业大学出版社，2019.10
　　ISBN 978-7-5612-6596-3

　　Ⅰ.①现…　Ⅱ.①黄…　Ⅲ.①现浇混凝土-混凝土空
心板-无梁平板-研究　Ⅳ.①TU755.6②TU522.3

中国版本图书馆 CIP 数据核字（2019）第 244593 号

XIANJIAO HUNNINGTU KONGXIN LUOGAI JIEGOU FENXI
FANGFA JI KANGCHONGQIE XINGNENG YANJIU
现浇混凝土空心楼盖结构分析方法及抗冲切性能研究

责任编辑：王　蓁		策划编辑：付高明
责任校对：张　友		装帧设计：尤　岛

出版发行：西北工业大学出版社

通信地址：西安市友谊西路 127 号　　　　邮编：710072

电　　话：(029) 88491757，88493844

网　　址：www.nwpup.com

印　刷　者：兴平市博闻印务有限公司

开　　本：787 mm×1 092 mm　　　　1/16

印　　张：11.5

字　　数：222 千字

版　　次：2019 年 10 月第 1 版　　　　2019 年 10 月第 1 次印刷

定　　价：45.00 元

如有印装问题请与出版社联系调换

前　　言

传统的钢筋混凝土板柱结构内部呈实心，由于没有明梁、柱帽及托板，施工速度快、消耗人力资源少，适用于装配式结构，并且能显著减小层高。通过分隔墙的灵活布置，平板结构空间划分更为人性化。板柱结构还具有节约材料、结构功能好的优点，在大柱网、大开间、商场、办公楼、工业厂房、车库等工业与民用建筑中得到广泛应用。

空心楼盖是在钢筋混凝土实心板内规则填充模盒形成空腔，以减小楼盖自重的一种结构形式。由于空心楼盖在节点区域和柱轴线区域设计为实心，广义上空心楼盖也是无梁平板楼盖。在国外，空心楼盖称作 hollow floor, voided slab, hollow biaxial slab 或 biaxial voided slab。因其自重轻、结构高度小、刚度大、整体性好、空间分隔灵活和适用于大跨度建筑等在力学和使用性上的优点，又因其预制装配率高、节约建材等在节能减耗方面的突出优势，空心楼盖得到了广泛应用。目前，全国超过 30 个省、直辖市及地区出台了绿色建筑评价地方标准，各地方标准均直接或间接地将空心楼盖技术作为节约型结构体系优先推广。

最近几年，空心楼盖的市场前景和需求及对模盒研发的热情是空前的，然而与之形成鲜明对比的是设计手段的滞后甚至落后。现有空心楼盖技术规程建议的直接设计法、等代框架法、拟板法和拟梁法并未充分体现空心楼盖区别于传统实心无梁平板楼盖的构造特征和力学特征，针对空心楼盖抗冲切性能的研究也尚不充分。可以说空心楼盖设计分析方法和板柱节点冲切问题成为制约空心楼盖发展和使用的瓶颈和核心问题。

近几年来，笔者在空心楼盖结构分析方法及板柱节点冲切性能方面开展了一定的研究，得到了多项省部级课题的支持。为向对空心楼盖和板柱节点冲切问题感兴趣的读者介绍相关研究成果，特撰写此书。

本书所述的研究成果是笔者与合作者共同完成的，合作者有重庆大学王志军教授，以及团队硕士研究生邓然、张玉江、庞慧英等。在此，要特别感谢王志军教授在学术上给予笔者的指导和帮助。

本书所述的研究成果也有赖于空心楼盖及板柱结构领域同行、前辈的探索和积淀，站在巨人之肩方有本书，在此向他们致敬。

在撰写本书的过程中，曾参考了大量的相关文献，在此谨向其作者深表谢意。

由于水平有限，书中难免存在不足之处，真诚地希望广大读者提出宝贵意见。最后，希望本书可以为提升空心楼盖结构分析水平和板柱结构冲切问题研究水平做出微小贡献。

编　者

2019 年 6 月

目　　录

1 空心楼盖研究概述

本书共分 7 章,第 1~5 章空心楼盖结构的分析方法及设计方法,第 6 章空心楼盖抗冲切性能的研究。这些内容都是空心楼盖设计及分析的核心内容。

1.1 研究背景

我国从第十个五年计划（2001—2005 年）开始,便将"节约保护资源,保护和治理环境"作为治国纲要；十一五规划（2006—2010 年）更是指出,我国面临的主要矛盾之一为"可持续发展的资源和环境压力日益加剧",提出"建设资源节约型、环境友好型社会"的发展纲要；十二五规划（2011—2015 年）进一步细化了"绿色发展,建设资源节约型、环境友好型社会"的实施细则,包括"加强资源节约和管理、大力发展循环经济、加大环境保护力度、促进生态保护和修复、加强水利和防灾减灾体系建设"等；十三五规划（2016—2020 年）以"加快改善生态环境"单独成篇,包含 7 章内容,强调"以提高环境质量为核心,以解决生态环境领域突出问题为重点,加大生态环境保护力度,提高资源利用效率,为人民提供更多优质生态产品,协同推进人民富裕、国家富强、中国美丽",明确指出"大力开发、推广节能技术和产品,开展重大技术示范"。近 20 年来,国家把节能减排、环境保护工作提到了前所未有的高度。

对于建筑业来说,尽管因大量吸纳农村富余劳动力就业、拉动国民经济发展,在国民经济中的支柱地位不断加强,但行业可持续发展能力不足,存在发展模式粗放,工业化、信息化、标准化水平偏低,建造资源耗费量大,碳排放量突出等问题。如图 1.1 所示,我国水泥及钢材年产量在过去 18 年中逐年提高（水泥年产量由 2000 年的 59 700 万吨增加到 2017 年的 233 084.06 万吨；钢材年产量由 2000 年的 13 146 万吨增加到 2017 年的 104 642.05 万吨）,其中有近 70% 的水泥及 60% 的钢材为建筑业所消耗,建筑业在节能减排方面面临的挑战是极其巨大的。基于此,住房和城乡建设部陆续发布了《建筑业发展

"十二五"规划》《城乡建设防灾减灾"十二五"规划》《建筑业发展"十三五"规划》《城乡建设防灾减灾"十三五"规划》，紧接着又在 2014 年修订并发布了新的《绿色建筑评价标准》（GB/T 50378—2014），力求最大限度地节约资源（节能、节地、节水、节材）、保护环境和减少污染，为人们提供健康、适用和高效的使用空间，与自然和谐共生的建筑，该标准还于 2018 年 12 月入选住房城乡建设部发布的推动城市高质量发展系列标准。

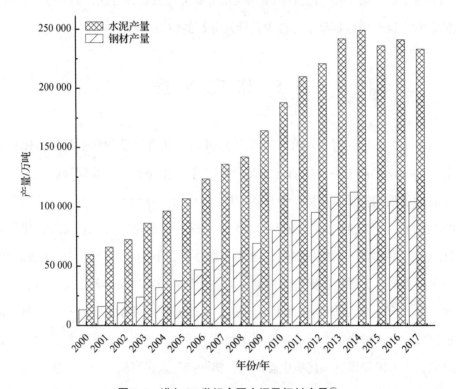

图 1.1　进入 21 世纪全国水泥及钢材产量①

空心楼盖作为一种依靠预制模盒（见图 1.2）形成楼盖内部空腔的现浇钢筋混凝土无梁楼盖，具有预制装配率高、节约建材的优点，在节能减耗方面有突出优势。早在 2003 年，空心楼盖就入选国家高技术发展计划（863 计划），随后陆续作为国家火炬计划项目及建筑业 10 项新技术得到发展和推广。目前，全国超过 30 个省、直辖市及地区出台了绿色建筑评价地方标准，国家标准及各地方标准（见附录 A）均直接或间接地将空心楼盖技术作为节约型结构体系优先推广。

---

① 图中数据来源于中华人民共和国国家统计局。

图 1.2 空心楼盖①

1.2 空心楼盖结构分析方法研究现状

空心楼盖的空心腔体和模盒形式有很多种，盒状腔体空心楼盖（见图 1.2（c）—
（i）及图 1.3）由于其刚度在两跨度方向分布均匀、布模灵活和对异型边板适应性强的优
点，较球体、筒体、筒芯腔体空心楼盖受到更多青睐，这也激发了许多研究者对模盒进行
研究，如：黄川腾（专利申请号＜下同＞：201730075654.5，201730075970.2，
201730075971.7）、程文瀼（01245232.7）、邹银生等（02130871.3）、邱则有
（03118130.9，200510125595.4 等）、吴方伯（200610136809.2）、叶书春等
（200920072213.X），提出了不同材料和类型的模盒。虽然这些盒状腔体空心楼盖模盒类
型与功能略有差异，但其空心楼盖的荷载传递途径和变形方式基本相同，模盒与现浇肋梁

---

① 图 1.2 中（c）—（h）来源于网络，（i）来源于笔者合作工程。

均能形成整体共同参与受力[1-5]。

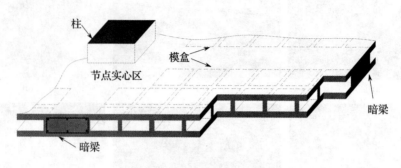

图 1.3 盒状腔体空心楼盖

国内外对空心楼盖的研究大致可分为 2 种思路 4 种方法，包括以直接设计法、等代框架法为代表的面向手算、面向概念设计的思路；以拟板法、拟梁法为代表的面向电算、面向结构体系整体分析的思路。目前，我国空心楼盖相关的技术标准主要有《装配箱混凝土空心楼盖结构技术规程》（JGJ/T207—2010）[6]、《现浇混凝土空心楼盖技术规程》（JGJ/T268—2012）[7]及《广东省现浇混凝土空心楼盖结构技术规程》（DBJ 15—95—2013）[8]。规程提出了几种空心楼盖的设计方法，还对空心楼盖的空心率、跨高比、模盒尺寸及间距等几何参数做了大致的规定。但应当注意到，直接设计法完全沿用了美国 ACI 318[9] 规范中实心楼盖的分配系数；等代框架法其等代梁宽度系数计算方法和弯矩二次分配（将截面总弯矩分配到柱上板带、跨中板带及柱上板带梁）系数均和实心楼盖一致。以上两种方法对于空心楼盖来说，由于空心的存在，因而使楼板截面刚度发生了改变，随着空心率的增加，这种刚度的不均匀性越发明显，能否直接使用实心板的分配系数、各截面弯矩分配比例是否有较大变化，这些问题还没有得到解决。基于抗弯刚度相等的拟板法未能考虑剪切变形对空心楼盖的影响，剪切变形对箱型空心截面的影响显著高于拟板等效以后的实心截面，使得规程等效方法得到的内力和挠度精度是否满足工程要求存在疑问。现有拟梁法也仅从拟梁抗弯刚度角度进行等效，未能考虑到等效为交叉梁系后对原空心楼盖整体性的破坏，没有考虑空心楼盖扭转刚度的影响。以下对 4 种主要的分析方法和空心楼盖冲切问题分别从规程条文和研究现状角度展开论述。

1.2.1 直接设计法

对于规则布置的柱支撑现浇混凝土空心楼盖结构，设计中常采用拟板法、拟梁法、直接设计法和等代框架法，当满足下述限制条件[8]时采用直接设计法尤为方便快捷。直接设计法立足手算，可在方案设计阶段作为判断控制指标使用。

（1）在结构的每个方向至少有三跨连续板。

（2）所有区隔板均为矩形，各区隔的长宽比不大于2。

（3）两个方向相邻的跨度差均不大于长跨的1/3。

（4）柱子离相邻柱中心线的最大偏移在两个方向均不大于偏心方向跨度的10%。

（5）当柱轴线上有梁时，两个垂直方向的梁应符合下列要求：

$$0.2 \leqslant \frac{\mu_1}{\mu_2} \leqslant 5 \tag{1.1}$$

式中，$\mu_1 = \alpha_1 l_2/l_1$，$\mu_2 = \alpha_2 l_1/l_2$。其中，l_1，l_2 分别为计算方向和垂直于计算方向的跨度；α_1，α_2 分别为计算方向和垂直于计算方向梁与板截面抗弯刚度的比，

$$\alpha = E_{cb}I_b/(E_{cs}I_s)$$

此处，E_{cb}，E_{cs} 为梁、楼板混凝土的弹性模量；I_b 为梁的截面抗弯惯性矩；I_s 为楼板的截面抗弯惯性矩。

直接设计法包含四个基本步骤。

（1）确定总的静力弯矩：

$$M_0 = \frac{1}{8}q_d b l_n^2 \tag{1.2}$$

式中，q_d 为考虑结构重要性系数的板面竖向均布荷载基本组合设计值；b 为计算板带的宽度；l_n 为计算方向区隔板的净跨，取相邻柱(柱帽或墙)侧面之间的距离。

（2）把总静力弯矩分配到负弯矩和正弯矩截面（一次分配）。

1）对内跨，正弯矩设计值取 $0.35M_0$，负弯矩设计值取 $0.65M_0$。

2）对端跨，按表1.1所列系数进行分配。

表1.1 计算板带端跨弯矩设计值的分配系数

支座约束条件	外支座简支	在各支座处均有梁	在内支座处无梁		外支座嵌固
			无边梁	有边梁	
内支座负弯矩	0.75	0.70	0.70	0.70	0.65
外支座负弯矩	0	0.16	0.26	0.30	0.65
正弯矩	0.63	0.57	0.52	0.50	0.35

（3）按表1.2把负弯矩和正弯矩分别分配到柱上板带板、柱上板带梁和跨中板带（二

次分配）。

表 1.2　柱上板带承受计算板带内弯矩设计值的分配系数

状况			l_2/l_1		
			0.5	1.0	2.0
内支座负弯矩	$\mu_1=0$		0.75	0.75	0.75
	$\mu_1\geq1$		0.90	0.75	0.45
端支座负弯矩	$\mu_1=0$	$\beta_t=0$	1.00	1.00	1.00
		$\beta_t\geq2$	0.75	0.75	0.75
	$\mu_1\geq1$	$\beta_t=0$	1.00	1.00	1.00
		$\beta_t\geq2$	0.90	0.75	0.45
正弯矩	$\mu_1=0$		0.60	0.60	0.60
	$\mu_1\geq1$		0.90	0.75	0.45

表 1.2 中，β_t 为抗扭刚度系数，按下式计算：

$$\beta_t=\frac{E_{cb}C}{2.5E_{cs}I_s} \tag{1.3}$$

$$C=\sum\left(1-0.63\frac{x}{y}\right)\frac{x^3y}{3} \tag{1.4}$$

式中，C 为截面抗扭常数，将垂直于跨度方向的抗扭构件截面划分为若干个矩形，取不同划分方案计算结果的最大值；x，y 为抗扭构件划分为若干矩形时，每一矩形截面的高度和宽度。

（4）柱上板带所承担的弯矩包括由板承担的弯矩和由梁承担的弯矩两部分，由梁承担的弯矩占柱上板带总弯矩的比例应按下列规定取值。

1）当 $\alpha_1l_2/l_1\geq1.0$ 时，取 85%。

2）当 $0\leq\alpha_1l_2/l_1<1.0$ 时，取 0 到 85% 之间的线性插值。

3）直接作用于梁上的荷载所产生的弯矩应由梁全部承担。

直接设计法和等代框架法的第（3）与第（4）步是完全一样的，规程中的直接设计法（见表 1.1）完全沿用了 ACI 318 规范[9]中实心楼盖的分配系数。

此外，国内外学者对这一问题也进行了一些研究，周玉等[10]通过有限元数值模拟讨论了实心宽扁梁楼盖在竖向荷载下的弯矩分配系数；Ahmed Ibrahim 等[11]通过数值模拟讨论了密肋楼盖在开洞和不开洞时直接设计法的弯矩分配系数；袁俊杰[12]结合一个实际工程对筒芯内模空心楼盖进行了拟梁法和直接设计法的算例对比；郭楠等[13]分析了实心板

— 6 —

在竖向荷载作用下的弯矩分布规律；刘文珽等[14]对比了中外规范关于实心板柱结构在竖向荷载作用下设计方法的异同，同时对比了直接设计法的弯矩分配系数与有限元计算结果；李海涛等[15-16]分别对一个具体的柱支承筒芯内模现浇钢筋混凝土空心楼盖和对照实心楼盖进行了有限元计算，对直接设计法提出了建议。

1.2.2　等代框架法

等代框架法是在两个方向将柱支撑楼盖或柔性支撑楼盖等效成以柱轴线为中心的连续框架，分别进行分析的计算方法。运用等代框架法计算结构内力时，应按楼盖的纵、横两个方向分别计算，且均应考虑全部荷载的作用。

规程[6-7]对等代框架梁的计算宽度做了如下说明：

（1）在竖向均布荷载作用下，等代框架梁应由柱轴线两侧区格板中心线之间的楼板和梁组成，如图1.4所示。

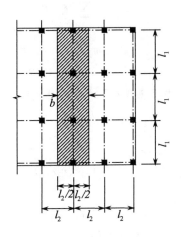

图1.4　竖向荷载作用下等代框架梁计算宽度

（2）在水平荷载作用下，等代框架梁的计算宽度取下列公式计算结果的较小值：

$$b = \frac{1}{2}(l_2 + b_{ce2}) \tag{1.5}$$

$$b = 0.75l_1 \tag{1.6}$$

式中，b 为等代框架梁计算宽度；l_1，l_2 为计算方向及与之垂直方向柱支座中心线之间的距离；b_{ce2} 为垂直于计算方向的柱帽有效宽度，无柱帽时取 0。

等代框架梁位于节点区外任意截面的惯性矩 I_{bf} 按下式计算：

$$I_{bf} = I_b + I_{s0} \tag{1.7}$$

式中，I_b 为计算方向柱轴线上梁的截面惯性矩；I_{s0} 为等代框架梁宽度范围内除 I_b 所取梁截面外楼板截面惯性矩。

等代框架梁在柱中线至柱（柱帽）边之间的截面惯性矩，可按下式计算：

$$I_b = \frac{I_1}{(1 - c_2/l_2)^2} \tag{1.8}$$

式中，c_2 为垂直于板跨度 l_1 方向的柱（柱帽）宽；I_1 为等代框架中梁板在柱（柱帽）边缘处的截面惯性矩。

等效柱的刚度可按下列公式计算：

$$I_{ec} = \frac{K_{ec}}{K_c}I_c \tag{1.9}$$

$$K_{ec} = \frac{\sum K_c}{1 + \sum K_c/K_t} \tag{1.10}$$

$$K_c = \psi \frac{4E_{cc}I_c}{H_i} \tag{1.11}$$

$$\psi = 1 + 1.83\lambda_{ca} + 14.7\lambda_{ca}^2 \tag{1.12}$$

$$\lambda_{ca} = h_{ca}/H_i \tag{1.13}$$

$$K_t = \beta_b \sum \frac{9E_{cs}C}{l_2(1 - c_2/l_2)^3} \tag{1.14}$$

$$\beta_b = \frac{I_{bf}}{I_{bs}} \tag{1.15}$$

以上各式中，I_{ec} 为等效柱的截面惯性矩；K_{ec} 为等效柱的抗弯线刚度；K_c 为柱的抗弯线刚度；K_t 为柱两侧抗扭构件刚度；E_{cc} 为柱的混凝土弹性模量；h_{ca} 为柱帽高度；ψ 为考虑柱帽的影响系数；λ_{ca} 为柱帽高度与柱计算长度比；H_i 为柱的计算长度(取下层楼板中心轴至上层楼板中心轴间距离，对底层柱取基础顶面至一层楼板中心轴距离)；E_{cc} 为板的混凝土弹性模量；C 为截面抗扭常数(按式(1.4)计算)；β_b 为抗扭刚度增大系数；I_{bf} 为等代框架梁截面惯性矩；I_{bs} 为等代框架梁宽度的楼板截面惯性矩。

国内外的学者对等代框架法进行了大量的研究，如图 1.5 所示，探讨的重点均为水平荷载或地震力作用下等代框架梁的等效宽度 b（亦或等代梁宽度系数 $\alpha = b/l_2$），主要有以下研究成果（如无特殊说明，下述各研究人员提出公式中的各参数可参见图 1.4 及图 1.5）。

李俊兰等[17]针对实心平板，采用的计算模型为9柱4区格的楼板及上下层柱，下层柱远端固接，上层柱远端有一平行于加载方向的水平平动自由度，利用惯性力的方式进行加载，即由实体单元的质量乘以运动加速度来模拟水平地震作用。结合转角面积相等的原则拟合弹性计算结果获得等效宽度系数 $\alpha = 3.0c_1/l_2 + 0.25l_1/l_2$，并用振动台试验验证了所取系数的合理性。

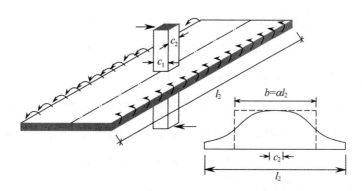

图 1.5 水平荷载下等代框架梁计算宽度

张宇峰等[18]及刘劲松等[19]针对实心平板，采用与文献［17］相同的分析模型，分别考虑了边梁和柱帽的影响，针对边计算单元及中计算单元，结合转角面积相等的原则提出了弹性拟合结果并用振动台试验进行了验证。

吴强等[20]针对实心平板，采用的计算模型为单柱区格，并假定弯点位于柱半高处，与 l_1 方向垂直的板边简支，与 l_2 方向垂直的板边自由，柱下端铰接，在柱顶端沿 l_1 方向作用水平力 F。通过弹性计算使 F 作用下柱顶水平位移与等代框架梁模型的柱顶水平位移相等，从而求得等代框架梁宽度系数 α，认为对于内节点 $\alpha = 3.75c_1/l_2 + 0.25l_1/l_2$，对于边节点 $\alpha = 4.0c_1/l_2 + 0.25l_1/l_2$。

黄宗明等[21]针对预应力实心平板，建立整体弹性分析模型，以 SAP2000 中壳模型的弹性计算结果（主要考察了竖向荷载下柱的弯矩值和水平荷载下结构的位移）为目标，反复调整杆系模型中的等代框架梁宽和边梁的翼缘宽度，使在杆系模型中得到的计算结果与之相近，从而建立等效杆系模型。认为对于边计算单元等代梁宽 $b = b_s + 3h$，对于中计算单元 $b = 0.5l_2$，其中 b_s 为边梁宽度，h 为板厚。

苏毅等[22]以及吴强等[23]针对实心平板，采用与文献［20］相同的分析模型，分别针对边计算单元及中计算单元，提出了弹性拟合结果并用试验进行了验证。

成洁筠等[24-25]及熊学玉等[26]针对筒芯内模空心楼盖，采用与文献［20］相同的分析模型，分别考虑了边梁及柱帽的影响，通过弹性分析提出了等代框架梁宽度系数。

谭磊等[27]针对筒芯内模空心楼盖，通过理论分析和缩尺模型试验，研究了水平荷载作用下空心板柱结构的受力性能，采用与文献［20］相同的分析模型，提出了空心楼盖等代框架梁宽度相对文献［23］提出的实心平板等代框架梁宽度的修正系数，即

$$\alpha_{空心} = \alpha_\beta \alpha_{实心}$$

$$\alpha_\beta = t^3 / \left[t^3 - 3l_h \pi d^4 / 16(l_h + b_{w2})(d + b_{w1}) \right]$$

式中，l_h，b_{w1}，b_{w2}为筒芯内模几何尺寸，并认为规程值[6-7]通常是偏于安全的。

周朝迅[28]针对实心平板，采用的计算模型为单区格，假定板柱节点完全刚性，运用有限元程序在节点处施加某一转角获得相应的弯矩值，进而算出板的刚度，然后令等代框架梁刚度等于板的刚度获得等代框架梁宽度系数。认为对于内节点及与侧向作用垂直的边节点

$$\alpha = 3.3c_1/l_2 + 0.16l_1/l_2 + 0.11c_2/c_1$$

对于角节点及与侧向作用平行的边节点

$$\alpha = -0.1 + 2.69c_1/l_2 + 0.06l_1/l_2 + 0.13c_2/c_1$$

国外的研究起始时间更早，1960年，Tsuboi等[29]就提出采用如图1.5所示具有统一转角的宽为αl_2、高度为板厚的板梁来代替原平板。此后，Pecknold[31]指出

$$\alpha = \frac{1}{1-\mu^2} \frac{c_2}{l_2} \bigg/ \left[f_B + 6\sum_{m=1}^{\infty} \left(\frac{1}{m\pi} \right)^3 Q_m A_m \right]$$

此等代框架梁宽度系数的解析解是根据板的弹性理论获得的，其中，$(1-\mu^2)^{-1}$为考虑泊松比的作用效应；f_B为梁转动刚度的折减系数；Q_m为荷载分布因子；A_m为考虑几何和边界条件的因子。

Allen等[31]采用简化傅里叶法求等代框架梁宽，并给出了以l_1/l_2，c_1/l_1，c_2/l_1作为参数的等代框架梁计算宽度系数α值计算表格。

Banchik[32]利用有限元方法分析了内节点、边节点、角节点，给出了以l_1/l_2，c_1/l_1为参数的等代框架梁宽度系数计算公式；Hwang[33]对一个3×3单层板柱结构进行了竖向力和水平力共同作用下的试验研究，并对Banchik提出的公式进行了验证。

Elias[34]针对实心平板，通过有限元法、等代框架法与试验结果的对比分析，得到等代框架梁能够正确反映无梁平板刚度特性的结论。

Luo Yuanhui等[35]针对实心平板，通过校准文献［30］的弹性理论结果提出了新的等代框架梁宽度系数，为了考虑重力荷载作用的效果，等代框架梁宽度还需要乘一个折减

系数

$$\chi = 1 - 0.4V_g(4A_cf_c'^{1/2})^{-1}$$

式中，$V_g(4A_cf_c'^{1/2})^{-1}$ 为重剪比。

需要注意的是，以上的研究均针对弹性阶段的板等代框架梁宽度系数，但当混凝土开裂后，结构进入非线性状态，板柱节点抗侧能力、抗侧刚度有较大变化，针对板柱节点区域开裂后板刚度退化的特点，以往的研究者提出了板开裂刚度折减系数 β，即认为开裂后等代框架梁宽度由之前的 αl_2 变为 $\alpha\beta l_2$，β 不大于1，当 β 取1时，即认为板处于未开裂状态，相关研究成果包括：

1983 年，Vanderbilt 等[36]针对等代框架模型，建议对刚度折减系数 β 取 1/3，这个折减是已经考虑进了整个体系中所有其他情况所导致的刚度退化，包括柱子和受扭构件的刚度退化，即 1/3 是一个保守的刚度折减估计值。

Moehle 等[37]以及 Pan 等[38]分别针对比例尺为 3/10 的两层框架及 4 个板柱节点试验，将层间侧移达到 0.2% 作为计算刚度折减系数 β 的基准，认为 β 取 1/3 是合理的。

文献 [33] 完成了比例尺为 4/10 的 9 板格平板框架试验，考虑了板柱节点开裂后，竖向活荷载对刚度折减系数的不利影响，认为

$$\beta = 5c/l - 0.1(L/1.952 - 1 \geqslant 1/3)$$

式中，c 为柱边长；l 为方板边长；L 为作用在板面的活荷载，kN/m²；

Grossman[39]针对板柱体系抗侧移水平提出了用来估计侧向刚度的减小系数 K_d，认为等代梁宽度

$$\alpha l_2 = K_d[0.3l_1 + c_1(l_2/l_1) + (c_2 - c_1)/2](d/0.9h)K_{FP}$$

式中，d 为板有效厚度；h 为板厚；K_{FP} 为等效系数(对中柱、边柱、角柱分别取 1.0、0.8、0.6)；刚度折减系数 K_d 根据对不同层间侧移取值不同(层侧移为 1/800，1/400，1/200，1/100 时，分别取值 1.1、1.0、0.8、0.5)。

Luo Yuanhui 等[35,40]建议采用 ACI318 中规定的梁有效惯性矩 I_g 来计算板的刚度折减，这样既考虑了加载弯矩对刚度的影响，同时又考虑了有效板宽范围内的配筋对开裂后板刚度的影响。

Han 等[42]整理板柱节点试验，通过修正板柱试验得出抗侧刚度，用这一抗侧刚度计算得到板开裂后刚度折减系数，然后对这些折减系数进行了非线性回归分析，提出了新的板开裂刚度折减系数。

1.2.3 拟板法

对于结构体系整体分析，空心楼盖或类板结构主要有两种分析思路，一种是离散为杆件采用梁系理论进行求解（拟梁法），另一种是连续化为实心板采用板壳理论求解（拟板法）。对于后者，规程[6-7]明确提出当空心板双向刚度相同或相差较小时，可作为各向同性板计算，否则宜按各向异性板计算。

当按各向同性板计算时，各向同性板弹性模量 E 可按下式计算：

$$E = \frac{I}{I_0}E_c \tag{1.16}$$

式中，I 为工字型计算单元（见图 1.6）截面惯性矩；I_0 为等宽度实心矩形等效计算单元（见图 1.6）截面惯性矩，E_c 为混凝土弹性模量。

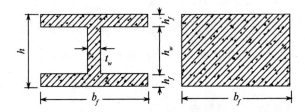

图 1.6　空心楼盖计算单元

当现浇混凝土空心楼盖作为正交各向异性板计算时，正交各向异性板的弹性模量、泊松比、剪切模量可按下列规定确定：

$$E_x = \frac{I_x}{I_{0x}}E_c \tag{1.17}$$

$$E_y = \frac{I_y}{I_{0y}}E_c \tag{1.18}$$

$$\max(\mu_x,\ \mu_y) = \mu_c \tag{1.19}$$

$$E_x\mu_y = E_y\mu_x \tag{1.20}$$

$$G_{xy} = \frac{\sqrt{E_x E_y}}{2(1 + \sqrt{\mu_x \mu_y})} \tag{1.21}$$

以上式中，I_x，I_y 分别为 x，y 向计算单元截面惯性矩；I_{0x}，I_{0y} 分别为 x，y 向等效计算单元截面惯性矩；E_x，E_y 分别为 x，y 向弹性模量；μ_x，μ_y 分别为 x，y 向泊松比；G_{xy} 为现浇空心板等效为正交各向异性板的剪切模量；μ_c 为混凝土泊松比。

拟板法具有代表性的研究成果包括：

Iyengar 等[42]由等效各向异性板代替梁加强的正交矩形板或栅格板进行振动分析，等效过程需确定等效各向异性板的四个弹性刚度 D_x，D_y，D_{xy}，D_1 和密度 $\bar{\rho}$，提出了确定这些参数的方法并与试验结果做了对比。

Cheung 等[44]将正交各向异性板法用于求解多箱梁桥面板的纵向弯矩和横向剪力，并将结果与精确建立的三维样条法结果进行了比较，显示当箱室数不少于 3 时，正交各向异形板法足够精确。

Takabatake[44-48]采用解析方法分析了各种情况下的内部带孔板，包括任意分布孔洞的矩形弹性板的动力及静力响应、内部任意分布孔洞的圆形弹性板的弯曲变形及横向剪切变形、内部任意分布孔洞的矩形弹性板的弯曲变形及横向剪切变形、基于 Kirchoff-Love 假定计算内部任意分布孔洞的圆形板的弯曲变形。

胡肇滋等[49]、刘群等[50]、倪绍文[51]、程远兵等[52]采用拟板计算方法对密肋楼盖进行了分析。

黄勇等[53]将连续化分析方法用于空腹夹层板楼盖体系。

尚仁杰等[54-55]提出了圆管空心板的拟板方法及简化计算手段。

谢靖中[56-57]分别针对圆管空心楼盖和箱型空心楼盖提出了用于拟板分析的宏观基本本构关系。

1.2.4 拟梁法

对于结构体系整体分析，空心楼盖或类板结构也可运用拟梁的思路将其离散为杆件进行求解，规程[6-7]指出拟梁宜在相邻区格边间连续，每个区格板内拟梁的数量在各个方向上均不宜少于 5 根，如图 1.7 所示。

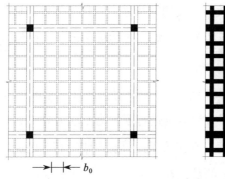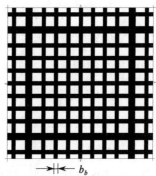

图 1.7 拟梁法示意图

拟梁的截面可按抗弯刚度相等、截面高度相等的原则确定，拟梁的宽度按下式计算：

$$b_b = \frac{I}{I_0} b_0 \qquad (1.22)$$

式中，b_0 为拟梁对应的空心楼板宽度；b_b 为拟梁宽度；I 为拟梁对应空心楼板宽 b_0 范围内截面惯性矩之和；I_0 为拟梁对应空心楼板宽 b_0 范围内按等厚实心板计算的截面惯性矩。

国内外的学者运用拟梁的思路将板或类板结构离散为杆件进行了大量的研究。

王茂和杨建军[58]利用截面惯性矩等效的原则，将单位宽度的混凝土空心板在顺管方向和垂直于管的方向分别换算成厚度相同、宽度为计算所得的等效宽度的实心矩形截面梁，从而将现浇混凝土空心楼板转化为虚拟交叉梁，但其计算结果与试验仍有较大误差。

麦高波[59]将空心楼盖等效为交叉梁系，并假定等效集中荷载作用于交叉梁的各节点上，不考虑梁的抗扭刚度和剪力的影响。按交于一点的两根梁在交点处挠度相等的原则，列出与未知数个数相等的多元一次方程组，解方程组即可求得每个梁交叉点处集中荷载分配给纵横方向梁的分配系数，然后按静力计算方法求出各梁受集中荷载时的弯矩和剪力。虽然提出的方法简化了求解过程，但因为难以满足等效前后变形协调的关系造成了计算误差。

谢文丽[60]指出，由于存在"芯模"的作用效应，在用虚拟交叉梁法计算现浇混凝土箱形空心楼板时未考虑芯模的有利影响，计算得到的极限荷载偏低。她对虚拟交叉梁法的等效宽度系数进行了修正。

有较多的学者针对实心板的拟梁等效方法进行过研究：

Yettram 等[61]通过计算等效弯曲刚度和扭转刚度将板等效为正交栅格梁系求解，并将弯曲刚度和扭转刚度表达为弯曲面形状和泊松比的函数，通过多次迭代求解可以达到较高的精度。

Renton[62]通过有限差分法将板等效为正交网格梁系，对比了等效前后板和梁系的挠曲和内力功，认为用交叉梁系等效实心板的关键是如何考虑板中由于泊松效应造成变形（或内力）在两个方向的耦合问题。

Mohsin 等[63-64]通过构造两主轴斜交的拟梁单元来增大两交叉梁间的相互影响以考虑原实心板泊松效应，并采用提出的拟梁方法分别进行了静力及动力分析。

Balendra 等[65]从板自由振动的角度，直接采用拟梁抗弯刚度相等的原则，对实心板进行拟梁等效，认为当每个区格板内拟梁的数量在各个方向上不少于 8 根时，可以获得足够精确的结果。

Jaeger 等[66-67]以抗弯刚度相等的原则将单向板等效为交叉梁系，对比等效前后峰值弯矩和剪力，认为采用交叉梁系模拟板的前提是泊松比为 0。

以上关于拟梁法的研究主要着眼于理论计算分析，试图通过研究板单元和梁单元的不同变形特点获得等效手段。Ying Tian 等[68-69]和 Coronelli[70-71]分别采用不同的分析软件和非线性单元截面性质将板柱节点离散为交叉梁系进行冲切承载力非线性有限元分析，他们结合有限元软件提供了拟梁分析新的思路。

1.2.5 空心楼盖抗冲切性能研究

空心楼盖技术规程[6-8]指出：对于柱支撑空心楼盖，宜在纵、横柱轴线上设置实心区域，其宽度不应小于柱宽两侧各 100mm；柱支撑楼盖宜在柱周边设置实心区域，范围应为柱截面边缘向外不小于 1.5 倍板厚。柱支撑楼盖的板柱节点须进行抗冲切承载力验算，并满足现行《混凝土结构设计规范》（GB50010—2010）中受冲切承载力计算的相关要求。

为研究空心楼盖的冲切性能，国内外学者做了一定的试验研究：

龚启宏等[72]完成了 9 个单向布管未配置抗冲切钢筋的空心板柱内节点冲切试验，研究表明：空心板柱结构节点均为脆性冲切破坏，顺管向的冲切角大于垂直管向的冲切角，增大肋宽、板厚和板底配筋率可以提高节点的抗冲切承载力。

王维雪[73]通过有限元对现浇混凝土空心楼盖板柱节点的受力性能展开研究，在我国规范的基础上，考虑纵筋配筋率的影响，提出了空心楼盖冲切承载力的建议公式。

庞瑞等[75]完成了 2 个正交布管带实心区和暗梁的空心楼盖板柱节点冲切试验，研究表明：空心楼盖裂缝发展和节点破坏形态与普通双向板类似。提高纵筋配筋率可增强节点的极限承载力和刚度，且空心楼盖板柱节点抗冲切承载力可参考普通实心板柱节点的计算方法。

Valivonis[75-76]等完成了 3 类（无板柱节点实心区及暗梁、仅有节点实心区、仅有暗梁）共 6 个盒状内模空心楼盖板柱节点冲切试验，研究表明：节点实心区或暗梁能明显提高空心楼盖承载能力，3 类空心板破坏模式一致，均为脆性冲切破坏，针对冲切破坏面内布置有模盒的情况提出了冲切承载能力计算公式。

Coronelli 等[78]完成了 4 组共 12 个单点（或 2 点）加载对边支撑的平头锥体内模空心板试验，研究表明：单向空心板的破坏形态和实心板类似，计算冲切承载力时必须考虑空心内模对冲切面的削弱。

1.3　空心楼盖研究存在的问题

最近几年，空心楼盖的市场前景和需求以及模盒研发热情是空前的，然而与之形成鲜明对比的是设计手段的滞后甚至落后，到目前为止，只有两本行业规范[6-7]以及一本地方标准[8]用于指导设计。

纵观直接设计法、等代框架法、拟板法及拟梁法，其各自的优缺点如下：

直接设计法，其立足手算，优点在于可以快速获得控制截面弯矩值，易于在概念设计及方案设计阶段使用，但是规程中的直接设计法完全沿用了 ACI318 规范中实心楼盖的分配系数，由于有空心的存在，因而使楼板截面刚度发生了改变，随着空心率的增加，这种刚度的不均匀性越发明显，能否直接使用实心板的分配系数、各截面弯矩分配比例是否有较大变化，国内外学者对这些问题研究较少。已有对直接设计法适用性的研究，均未针对盒状腔体空心楼盖，并且完成的算例分析数量有限，对空心楼盖各参数的分析也还很不完善。

等代框架法，如前文所述，须引入等效系数 α 计算等代梁宽度，以便将空间结构简化为平面结构；获得控制截面总内力以后还要引入分配系数进行二次分配（将截面总内力分配到柱上板带、跨中板带及柱上板带梁）。这种方法因存在过多转换导致计算精度无法保证并且不方便使用，弹性阶段和弹塑性阶段需要分别计算等效宽度系数 α 和 $\alpha\beta$，而且等代框架法在竖向荷载作用下与水平荷载作用下的模型不同，导致在大多数高层建筑中无法应用。

拟板法和拟梁法是结构体系整体分析时两种不同的思路，前者将空心楼盖连续化为实心板，采用板壳理论求解；后者将空心楼盖离散为杆件，采用梁系单元理论进行求解。这两个方法均立足于结构整体分析，便于电算，可直接获得特定截面内力值，适合于工程设计。

拟板法，至今还没有研究者对不同拟板方法的适用性和精度做过系统的对比和分析，且这些拟板方法一般都没有考虑剪切变形影响，但是，剪切变形对箱型空心截面的影响显著高于拟板等效以后的实心截面，使得这些等效方法得到的内力和挠度精度是否满足工程要求存在较大疑问。

拟梁法，由于拟梁等效以后原结构整体性大大削弱，对于实心板，学者们大都认为拟梁法的关键和难点在于如何考虑原结构由于泊松效应造成的变形（和内力）在两个方向的耦合；但实心板与空心板存在着差异，主要表现在离散后实心矩形截面和空心工字型截面抗扭刚度的差异上（二者抗扭刚度不在同一量级），因此 Balendra[65] 认为当实心板拟梁较密时其计算精度是可以保证的，但对于空心楼盖，尽管按照规程建议方法将工字型截面等效为抗弯刚度相等的矩形截面以后，增大了其抗扭刚度，但能否保证拟梁结构获得较好的整体性仍存在很大疑问；对于离散为梁单元的"拟梁法"，要顾及原空心板的整体作用，只有通过合理考虑梁系的扭转刚度来实现。但至今还没有专门针对现浇混凝土空心楼盖拟梁法扭转刚度的系统分析，也未见对空心楼盖在诸如节点带实心区域、柱轴线梁为明梁等特殊结构构造情况下的拟梁等效手段的论述。

对于空心楼盖抗冲切性能的研究，现有设计技术文件[6-8]未充分考虑空心楼盖空腔带来的截面承载能力的改变，缺乏针对空心楼盖的节点冲切试验、分析模型和节点抗冲切的具体方法。已有对于空心楼盖抗冲切性能的试验较少，更遑论对应用最为广泛的盒状腔体空心楼盖抗冲切性能的研究。不同抗冲切钢筋类型、抗冲切钢筋排布方式、实心区大小、纵筋配筋率和板厚等因素对空心楼盖抗冲切能力、冲切破坏面发展的定量影响还不清楚。

1.4 本书研究目的和研究内容

1.4.1 研究目的

在 1.3 节中详细阐述了空心楼盖结构分析方法及抗冲切性能存在的问题，针对这些问题，本书拟开展以下研究工作。对直接设计法、拟板法及拟梁法进行深入研究，对直接设计法弯矩分配系数、剪切变形对拟板法的影响及如何在拟梁法中考虑扭转刚度进行重点分析，以明确和完善空心楼盖结构分析方法；开展冲切性能试验研究，初步探究板柱节点实心区和抗冲切箍筋对空心楼盖抗冲切性能的影响。

1.4.2 研究内容

针对现浇混凝土空心楼盖结构分析方法及冲切性能，本书将开展下列研究工作：

（1）针对后续会进行大量有限元分析工作，本书首先设计并完成 3 根有机玻璃单箱室箱梁及 1 块有机玻璃多箱室单向肋板试验，对薄壁构件的挠曲行为进行研究，并通过对比试验值及有限元模拟值进行数值模型校核，所测得挠度数据可以在后续章节中用于验证理论分析的正确性（见第 2 章）。

（2）针对直接设计法中，由于空心腔体造成楼盖刚度分布不均对弯矩分配系数的影响，本书将分析空心率、板格边比、柱跨比、梁板相对抗弯刚度比和边梁抗扭刚度比对空心楼盖弯矩分布的影响，与规范建议的直接设计法系数做对比，给出能反映空心楼盖构造特点的一次弯矩分配系数表及二次弯矩分配系数表（见第 3 章）。

（3）针对拟板法中如何考虑剪切变形影响，本书将分析剪切变形对空心楼盖箱型构件挠度的影响；对比不同边界条件下多种拟板方法的思路和计算精度；提出空心楼盖等效实心平板剪切模量的取用方法和实用的考虑剪切变形挠度的修正手段（见第 4 章）。

（4）针对拟梁法中如何考虑拟梁扭转刚度，本书将分析扭转刚度对交叉梁内力分布的影响；提出等效拟梁扭转刚度的计算方法，并对空心楼盖拟梁建模手段做设计建议（见第 5 章）。

（5）为研究现浇混凝土空心楼盖冲切性能，明确板柱节点实心区及暗梁配置箍筋对冲切承载力和节点破坏模式的影响，本书在竖向荷载作用下，完成了 1 个仅有板柱节点实心区和 2 个仅配置有暗梁箍筋的现浇混凝土空心楼盖内板柱节点的静力试验。展示了试验现象和试验结果，对空心楼盖抗冲切构造要求提出了相应建议（见第 6 章）。

参 考 文 献

［1］ CHUNG L, LEE S H, CHO S H, et al. Investigations on flexural strength and stiffness of hollow slabs ［J］. Advances in Structural Engineering, 2010, 13 （4）：591-602.

［2］ ABRAMSKI M, ALBERT A, PFEFFER K, et al. Experimentelle und numerische Untersuchungen zum Tragverhalten von Stahlbetondecken mit kugelförmigen Hohlkörpern ［J］. Beton - und Stahlbetonbau, 2010, 105 （6）：349-361.

［3］ 赵考重, 李自然, 王莉, 等. 装配箱混凝土空心楼盖结构受力性能试验研究 ［J］. 工程力学, 2011, 28 （A01）：145-150.

［4］ 周绪红, 陈伟, 吴方伯, 等. 混凝土双向密肋装配整体式空心楼盖刚度研究 ［J］. 建筑结构学报, 2011, 32 （9）：75-83.

［5］ 胡萍, 杨伟军, 张振浩, 等. 蜂巢芯空心楼盖足尺试验研究及有限元分析 ［J］. 建筑结构, 2012, 42 （1）：85-90.

[6] 装配箱混凝土空心楼盖结构技术规程：JGJ/T207—2010 [S].北京：中国建筑工业出版社，2010.

[7] 现浇混凝土空心楼盖技术规程：JGJ/T268—2012 [S].北京：中国建筑工业出版社，2012.

[8] 广东省现浇混凝土空心楼盖结构技术规程：DBJ 15—95—2013 [S].北京：中国建筑工业出版社，2013.

[9] Building Code Requirements for Structural Concrete and Commentary：ACI 318-14 [S]. [S.l.：s.n.]，2014.

[10] 周玉，韩小雷，季静.宽扁梁楼盖结构计算方法 [J].华南理工大学学报（自然科学版），2004，32（4）：78-81.

[11] Ibrahim A, SALIM H, EL-DIN H S. Moment coefficients for design of waffle slabs with and without openings [J]. Engineering Structures, 2011, 33 (9): 2644-2652.

[12] 袁俊杰.拟梁法和直接设计法在现浇混凝土空心楼盖结构分析中的应用 [J].铁道科学与工程学报，2008，5（3）：78-82.

[13] 郭楠，郑文忠.板-柱结构在竖向荷载作用下的弯矩分布规律研究 [J].工业建筑，2008，S1：174-177.

[14] 刘文珽，姚谦峰.垂直荷载作用下板柱结构计算方法的比较与分析 [J].建筑结构，2009，39（8）：56-59.

[15] 李海涛，苏小卒，刘立新.柱支承现浇空心楼盖的直接设计法建议 [J].武汉理工大学学报，2009，13（19）：88-92.

[16] LI H, DEEKS A J, LIU L, et al. Moment transfer factors for column-supported cast-in-situ hollow core slabs [J]. Journal of Zhejiang University SCIENCE A, 2012, 13 (3): 165-173.

[17] 李俊兰，吕西林.地震作用下板柱结构等代框架法计算模型的研究 [J].建筑结构学报，1999，20（1）：39-45.

[18] 张宇峰，吕志涛.边梁对板柱结构等代框架宽度取值的影响 [J].建筑结构，2001，31（2）：43-46.

[19] 刘劲松，唐锦春，裘涛.板式柱帽对板柱结构等代框架宽度取值的影响 [J].建筑结构，2004，34（2）：64-66.

[20] 吴强，程文瀼.水平力作用下板柱结构等代梁计算宽度的研究 [J].工业建筑，2004，

34（3）：77-79.

[21] 黄宗明，杨溥，任伟，等. 大跨度预应力结构体系等代框架计算模型研究 [J]. 重庆建筑大学学报，2005，27（4）：41-46.

[22] 苏毅，吴强，程文瀼. 低周反复水平荷载作用下板柱结构的试验研究 [J]. 建筑结构学报，2005，26（5）：1-7.

[23] 吴强，程文瀼. 水平力下板柱结构等代梁等效宽度系数的研究 [J]. 南京航空航天大学学报，2006，38（2）：261-266.

[24] 成洁筠，杨建军. 边梁对空心板柱结构等代梁宽度取值的影响 [J]. 中南林业科技大学学报（自然科学版），2009，28（6）：106-111.

[25] 成洁筠，杨建军. 现浇混凝土空心板柱结构等代框架法计算模型 [J]. 建筑结构，2010，40（7）：84-87.

[26] 熊学玉，王绍辉，应亮亮，等. 板式柱帽对现浇空心板柱结构等代梁刚度系数的影响 [J]. 结构工程师，2009，25（6）：19-23.

[27] 谭磊，刘锡军，丁时宝. 水平荷载作用下空心板柱结构等代梁计算宽度 [J]. 建筑结构，2010，40（7）：81-83.

[28] 周朝迅. 钢筋混凝土板柱结构在水平作用下的等代梁法研究 [D]. 重庆：重庆大学，2011.

[29] TSUBOI Y, KAWAGUCHI M. On earthquake resistant design of flat slabs and concrete shell structures [C] // Proceedings of the Second World Conference on Earthquake Engineering. [S. l. : s. n.]，1960，3：1693-1708.

[30] PECKNOLD D A. Slab Effective Width for Eqivalent Frame Analysis [J]. ACI Journal Proceedings，1975，72（4）：135-137.

[31] ALLEN F, DARVALL P. Lateral load equivalent frame [J]. ACI Journal Proceedings，1977，74（7）：294-299.

[32] BANCHIK C A. Effective beam width coefficients for equivalent plane frame analysis of flat-plate structures [D]. Berkeley：University of California，1987.

[33] HWANG S J. An experimental study of flat-plate structures under vertical and lateral loads [D]. Berkeley：University of California，1989.

[34] ELIAS Z M. Sidesway analysis of flat plate structures [J]. ACI Journal Proceedings，1979，

76（3）：421-442.

［35］ LUO Y H, DURRANI A J. Equivalent Beam Model for Flat-Slab Buildings：Part I：Interior Connections ［J］. ACI Structural Journal, 1995, 92（1）：115-124.

［36］ VANDERBILT M D, CORLEY W G. Frame Analysis of Concrete Buildings ［J］. Concrete International, 1983, 5（12）：33-43.

［37］ MOEHLE J P, DIEBOLD J W. Lateral load response of flat-plate frame ［J］. Journal of Structural Engineering, 1985, 111（10）：2149-2164.

［38］ PAN A P, PAN A A, MOEHLE J P. Reinforced concrete flat plates under lateral loading：an experimental study including biaxial effects ［M］. ［S. l.：s. n.］, 1988.

［39］ GROSSMAN J S. Verification of proposed design methodologies for effective width of slabs in slab column frames ［J］. ACI Structural Journal, 1997, 94（2）：181-195.

［40］ LUO Y H, DURRANI A J. Equivalent Beam Model for Flat-Slab Buildings：Part II：Exterior connection ［J］. ACI Structural Journal, 1995, 92（2）：250-257.

［41］ HAN S W, PARK Y M, KEE S H. Stiffness reduction factor for flat slab structures under lateral loads ［J］. Journal of Structural Engineering, 2009, 135（6）：743-750.

［42］ IYENGAR K T S R, IYENGAR R N. Determination of the orthotropic plate parameters of stiffened plates and grillages in free vibration ［J］. Applied Scientific Research, 1967, 17（6）：422-438.

［43］ CHEUNG M S, BAKHT B, JAEGER L G. Analysis of box-girder bridges by grillage and orthotropic plate methods ［J］. Canadian Journal of Civil Engineering, 1982, 9（4）：595-601.

［44］ TAKABATAKE H. Dynamic analyses of elastic plates with voids ［J］. International Journal of Solids and Structures, 1991, 28（7）：879-895.

［45］ TAKABATAKE H. Static analyses of elastic plates with voids ［J］. International Journal of Solids and Structures, 1991, 28（2）：179-196.

［46］ TAKABATAKE H, KAJIWARA K, TAKESAKO R. A simplified analysis of circular cellular plates ［J］. Computers & structures, 1996, 61（5）：789-804.

［47］ TAKABATAKE H, YANAGISAWA N, KAWANO T. A simplified analysis of rectangular cellular plates ［J］. International journal of solids and structures, 1996, 33（14）：2055-2074.

[48] TAKABATAKE H, MORIMOTO H, FUJIWARA T, et al. Simplified analysis of circular plates including voids [J]. Computers & structures, 1996, 58 (2): 263-275.

[49] 胡肇滋, 钱寅泉. 正交构造异性板刚度计算的探讨 [J]. 土木工程学报, 1987, 20 (4): 49-61.

[50] 刘群, 杨进春. 大跨度空间密肋楼盖设计计算的拟板解法 [J]. 建筑科学, 1997, 6: 30-34.

[51] 倪绍文. RC 井式梁板结构的塑性极限分析法 [J]. 重庆建筑大学学报, 1999, 21 (5): 86-90.

[52] 程远兵, 程文瀼, 党纪. 均布荷载下四边简支蜂窝式空心板的解析解 [J]. 工程力学, 2009, 26 (8): 34-38.

[53] 黄勇, 江绍飞, 张华刚, 等. 钢筋混凝土空腹夹层板楼盖体系的研究与应用 [J]. 建筑结构学报, 1997, 18 (6): 55-64.

[54] 尚仁杰, 吴转琴, 李佩勋, 等. 一种正交各向异性板的等效各向同性板计算法 [J]. 力学与实践, 2009, 31 (1): 57-60.

[55] 尚仁杰, 吴转琴, 李佩勋. 现浇混凝土空心板的正交各向异性和等效各向同性板计算方法 [J]. 工业建筑, 2009, 39 (2): 72-76.

[56] 谢靖中. 现浇空心板宏观基本本构关系 [J]. 土木工程学报, 2006, 39 (7): 57-62.

[57] XIE J Z. Macroscopic Elastic Constitutive Relationship of Cast-in-Place Hollow-Core Slabs [J]. Journal of structural engineering, 2009, 135 (9): 1040-1047.

[58] 王茂, 杨建军. 现浇钢筋混凝土空心无梁楼盖的虚拟交叉梁分析法 [J]. 长沙铁道学院学报, 2003, 21 (2): 40-44.

[59] 麦高波. 四边固定蜂巢芯楼盖试验及理论研究 [D]. 长沙: 长沙理工大学, 2004.

[60] 谢文利. 现浇箱形空心楼板计算方法的分析研究 [D]. 长沙: 中南大学, 2007.

[61] YETTRAM A L, HUSAIN H M. The representation of a plate in flexure by a grid of orthogonally connected beams [J]. International Journal of Mechanical Sciences, 1965, 7 (4): 243-251.

[62] RENTON J D. On the gridwork analogy for plates [J]. Journal of the Mechanics and Physics of Solids, 1965, 13 (6): 413-420.

[63] MOHSIN M E, SADEK E E. Beam analog for plate elements [J]. Journal of the Structural Division, 1976, 102 (1): 125-145.

[64] MOHSIN M E, SADEK E A. On the dynamics of plates using a beam-analog [J]. Computers & Structures, 1980, 12 (3): 267-272.

[65] BALENDRA T, SHANMUGAM N E. Free vibration of plated structures by grillage method [J]. Journal of sound and vibration, 1985, 99 (3): 333-350.

[66] JAEGER L G, BAKHT B. The grillage analogy in bridge analysis [J]. Canadian Journal of civil engineering, 1982, 9 (2): 224-235.

[67] JAEGER L G, BAKHT B. Effect of Poisson´s ratio and beam spacing on grillage analysis of slab bridges [J]. Canadian Journal of Civil Engineering, 1988, 15 (5): 821-827.

[68] TIAN Y, JIRSA J O, BAYRAK O. Nonlinear modeling of slab-column connections under cyclic loading [J]. ACI Structural Journal, 2009, 106 (1): 30-38.

[69] TIAN Y, CHEN J, SAID A, et al. Nonlinear modeling of flat-plate structures using grid beams [J]. Computers and Concrete, 2012, 10 (5): 489-505.

[70] CORONELLI D. Grid model for flat-slab structures [J]. ACI Structural Journal, 2010, 107 (6): 645-653.

[71] CORONELLI D, GUGLIELMO C. Nonlinear Static Analysis of Flat Slab Floors with Grid Model [J]. ACI Structural Journal, 2014, 111 (2): 343-351.

[72] 龚启宏, 朱强, 梁书亭, 等. 空心板柱结构中柱节点受冲切承载力试验研究 [J]. 东南大学学报 (自然科学版), 2013, 43 (2): 420-424.

[73] 王维雪. 现浇混凝土空心楼盖板柱节点受力性能分析 [D]. 石家庄: 石家庄铁道大学, 2016.

[74] 庞瑞, 党隆基, 倪红梅, 等. 空心楼盖板柱增强节点抗冲切性能数值分析 [J]. 工业建筑, 2017, 47 (2): 76-81.

[75] VALIVONIS J, SKUTURNA T, DAUGEVIčIUS M, et al. Punching shear strength of reinforced concrete slabs with plastic void formers [J]. Construction & Building Materials, 2017, 145: 518-527.

[76] VALIVONIS J, ŠNEIDERIS A, ŠALNA R, et al. Punching Strength of Biaxial Voided Slabs [J]. ACI Structural Journal, 2017, 114 (6): 1373-1383.

[77] CORONELLI D, FOTI F, MARTINELLI L, et al. Shear and Punching Strength of Reinforced Concrete Voided Slabs [J]. ACI Structural Journal, 2017, SP (321-3): 1-14.

2　薄壁结构试验及数值模型校核

尽管对于一般的实心平板结构，ABAQUS 的弹性有限元分析结果具有较好的精度，但由于空心楼盖其顶底板及肋梁较薄，与楼盖整体跨度和厚度存在数量级别的差距，具有一定特殊性，其内力及变形计算结果受单元选取和网格划分方式影响较大，需要进行数值模型计算精度校核，以便为有限元分析时单元选取和网格划分提供建议和依据。

本章制作了单跨有机玻璃单箱室箱梁、单箱室带横隔箱梁及多箱室单向肋板模型，将三种梁板模型施加简支边界条件，采用集中荷载形式加载，测试跨中截面的挠度值，对薄壁构件的挠曲行为进行研究，并采用静定方法计算构件截面内力。通过对比试验值及有限元模拟值可进行数值模型校核，所测得挠度数据也可以用于后续章节验证本书空心楼盖理论分析的正确性。

2.1　材料性能试验

为了了解有机玻璃（PMMA）的力学指标——主要是弹性模量、泊松比以及黏结强度，以便指导箱梁模型试验，取得较高精度的数值模拟结果，本节所有试样的设计和测试均参照《塑料–拉伸性能的测定（GB/T 1040—2006）》[1]进行，并在 50kN 万能试验机上完成测试。

2.1.1　弹性模量

有机玻璃弹性模量拉伸试验按 GB/T 1040.2/1B/1 的标准执行，机加工有机玻璃试样如图 2.1 所示。

图 2.1 中，L_3（≥150mm，本书取为 200mm）为总长度；L_2（106～120mm，本书取为 120mm）为宽平行部分间的距离；L_1（60.0±0.5mm）为窄平行部分的长度；L_0（50±0.5mm）为标距；$L((L_2)_0^{+5})$为夹具间的初始距离；b_1（10.0±0.2mm）为窄部分宽度；b_2

（20.0±0.2mm）为端部宽度；$r = \left[(L_2 - L_1)^2 + (b_2 - b_1)^2 \right] / \left[4(b_2 - b_1) \right]$ 为圆弧半径。

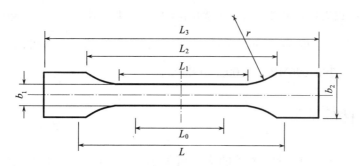

图 2.1　有机玻璃拉伸试样

根据测试规范[1]的要求，本书分别制作名义厚度为 4mm，5mm，6mm 有机玻璃试件各 5 个。为了精确测量标距内试件的伸长量，本书采用了标距为 25mm 的引伸仪。引伸仪、试件、数显游标卡尺和加载装置情况如图 2.2 所示。

图 2.2　有机玻璃拉伸试验

拉伸弹性模量按下式计算：

$$E_t = \frac{\sigma_2 - \sigma_1}{\varepsilon_2 - \varepsilon_1} \tag{2.1}$$

式中，σ_1 为应变量 $\varepsilon_1 = 0.0005$ 时测量的应力，MPa；σ_2 为应变量 $\varepsilon_2 = 0.0025$ 时测量的应

力，MPa。ε_1，ε_2以引伸仪所测伸长量 ΔL 与自身标距（本书采用引伸仪标距为 25mm）计算得到；σ_1，σ_2以万能试验机所记录的轴向拉力与试件采用游标卡尺实测尺寸计算得到。

经测试，名义厚度为 4mm，5mm，6mm 的有机玻璃试样弹性模量均值分别为 2 948.312MPa，3 296.696MPa，3 008.249MPa。

2.1.2　材料强度

由于计算拉伸弹性模量时要求的应变值很小——0.002 5，因此试件处于弹性阶段，完成 2.1.1 节所示的拉伸弹性模量测定以后，卸载，并撤下引伸仪，再次加载至轴向拉断，计算有机玻璃材料强度值。经计算（计算时采用实测尺寸），名义厚度为 4mm，5mm，6mm 的有机玻璃试样强度均值分别为 35.986MPa，35.056MPa，33.938MPa。

2.1.3　泊松比

泊松比的测定是根据两个互相垂直方向的应变值按下式计算：

$$\mu_n = -\frac{\varepsilon_n}{\varepsilon} \tag{2.2}$$

式中，ε 为纵向（拉伸方向）应变；ε_n 为 $n=b$（宽度）或 $n=h$（厚度）时的应变，本书采用 $n=b$（宽度）方向的应变计算泊松比。

测试泊松比时，在试件同侧纵向和横向分别粘贴 H 型电阻应变片，由于如图 2.1 所示标准试件宽度仅为 10mm，为了能同时安放应变片及其端子，本书设计了测试泊松比专用试样，如图 2.3 所示。使用江苏东华测试技术股份有限公司生产的 DH3816N 静态应力应变测试箱完成微应变采集，应变片导线以 1/4 桥与应变采集箱连接，采用同批次有机玻璃作为补偿片考虑温度补偿。应变片黏贴位置、补偿片和加载装置情况如图 2.4 所示。

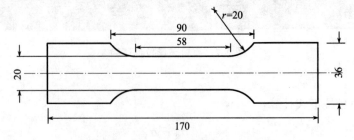

图 2.3　有机玻璃泊松比测试试样（单位：mm）

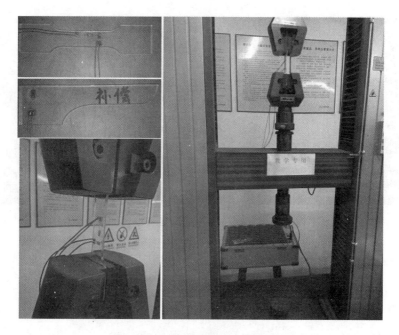

图 2.4　有机玻璃泊松比测试试验

经拉伸测试，有机玻璃试样泊松比结果为 $\mu = 0.355 \sim 0.370$，均值为 $\mu = 0.364$。

2.1.4　黏结强度

在箱梁的制作中，不可避免地要通过黏合剂黏结构件各部分，通过 2.1.2 节的强度测试可知有机玻璃的强度较高，因此有机玻璃黏结强度会直接影响构件整体强度和加载荷载值。为测试黏结强度设计的试样如图 2.5 所示，其中黏合面的名义长度为 30mm，通过万能试验机施加轴向的拉力直至试样两部分脱离，如图 2.6 所示。

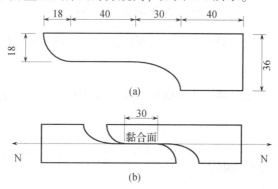

图 2.5　有机玻璃黏结强度测试试样（单位：mm）

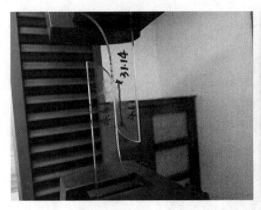

图 2.6 有机玻璃黏结强度试验

经测试，名义厚度为 4mm，5mm，6mm 的有机玻璃试样黏结强度均值分别为 5.892MPa，6.150MPa，7.037MPa。

2.2 单箱室箱梁试验

通过有机玻璃材料性能试验，箱梁构件选定名义厚度为 4mm 的有机玻璃板制作，后续计算及建模均以实际厚度为准。

2.2.1 试验内容

（1）在 1 号单跨箱梁跨中面板上正对腹板位置处对称地布置竖向集中荷载，然后测试此情况下跨中挠度。

（2）更改 1 号单跨箱梁支座间距，再次加载测试跨中挠度。

（3）在 2 号单跨箱梁跨中面板上正对腹板位置处对称地布置竖向集中荷载，然后测试此情况下跨中挠度。

（4）在 3 号单箱室带横隔箱梁跨中面板上正对腹板位置处对称地布置竖向集中荷载，然后测试此情况下跨中挠度。

2.2.2 模型设计与制作

1~3 号箱梁模型设计如图 2.7 所示，1 号及 2 号箱梁没有横隔，3 号箱梁有间距为

120mm 的横隔（横隔板尺寸为 112mm×62mm×4mm），所有横隔关于对称轴对称布置。1~3 号箱梁用同一牌号、同一批次有机玻璃板材黏结而成。

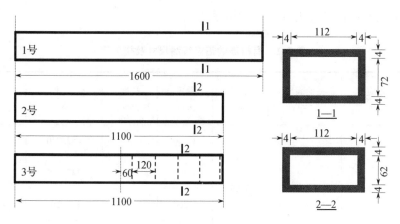

图 2.7　有机玻璃箱梁模型（单位：mm）

2.2.3　模型试验及结果

试验在自行设计的钢梁实验台上进行，集中加载以 50kN 万能试验机 1mm/min 的位移速度控制。采用万能试验机的优势是可以同时精确采集位移和对应时刻的集中力。利用分配梁将万能试验机的加载端荷载二等分，分配梁再传力至箱梁跨中截面腹板位置；为保证施加垂直集中荷载作用于腹板顶部，在分配梁与腹板顶部之间加设一宽度等于腹板厚度、长度等于 20mm、高度等于 5mm 的有机玻璃垫块，整个加载装置如图 2.8 所示。为了保证万能试验机加载端准确作用于梁中线，试验时利用悬垂线对中。

图 2.8　有机玻璃箱梁试验（1 号、2 号、3 号）

如前所述，由于有机玻璃板材出厂时厚度均偏下限，再加上切割及制作误差，有限元模拟时，均以实测尺寸为准。表 2.1 展示了 1~3 号梁实测尺寸及试验结果（经试算，所施加位移引起的黏结面剪应力远小于黏结强度）。

表 2.1　有机玻璃箱梁实测尺寸及挠度值

梁编号	截面宽度 mm	截面高度 mm	壁厚 mm	跨度 mm	挠度 mm	荷载 N	材料性质
1	119.65	77.80	3.65	1 560	5	252.240	$E = 2\,948.312\mathrm{MPa}$ $\mu = 0.364$
				1 400	5	347.832	
				1 200	5	542.280	
				1 000	5	900.531	
2	119.85	66.72	3.61	1 000	5	645.429	
3	119.61	69.44	3.79	1 000	5	739.107	

2.3　多箱室单向肋板试验

根据有机玻璃材性试验及万能试验机加载条件，本书采用四箱室单向肋板作为测试对象，选定名义厚度为 4mm 的有机玻璃板制作，后续计算及建模均以实际厚度为准。

2.3.1　试验内容

在四箱室单向肋板跨中面板上正对腹板（共 5 块腹板）位置处对称地布置竖向集中荷载，然后测试此情况下跨中挠度，支座间距为 1 000mm。

2.3.2　模型设计与制作

四箱室单向肋板构件设计如图 2.9 所示，顶板和底板完整下料，高度为 62mm 的 5 块肋板通过有机玻璃黏合剂与顶、底板黏结成整体。肋板所有材料均与材性试验试样来自同一批次、同一规格有机玻璃板。

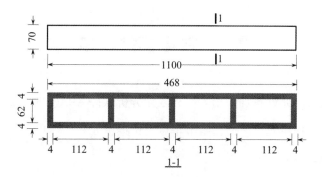

图 2.9　有机玻璃四箱室单向肋板模型（单位：mm）

2.3.3　模型试验及结果

试验在自行设计的钢梁实验台上进行，构件支座间距为 1 000mm；集中加载以 50kN 万能试验机 1mm/min 的位移速度控制。利用分配梁将万能试验机的加载端荷载五等分，分配梁再传力至单向肋板跨中截面腹板位置，与前述试验一样，板面跨中腹板对应位置预先黏接有机玻璃小垫块，保证腹板受力，试验装置如图 2.10 所示。

实测的单向肋板尺寸为：截面宽度 467.52mm，截面高度 69.16mm，腹板厚度 3.76mm；试验挠度 5mm 对应的荷载值为 2 562.339N。

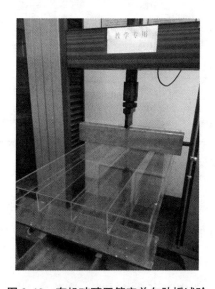

图 2.10　有机玻璃四箱室单向肋板试验

2.4 数值模型校核

本书所涉及的有限元计算均采用大型有限元分析软件 ABAQUS 完成，后续章节中，主要会用到梁单元和实体单元，因此，本节重点讨论梁单元和实体单元的建模手段和保证达到规定精度的措施。

2.4.1 梁单元数值模型校核

以 1 号梁 1 000mm 跨度试验为例，此处详细讨论网格划分对梁单元计算结果的影响。为了考虑剪切挠度，在用梁单元进行模拟时，本书采用 Timoshenko 梁单元。表 2.2 列出了梁单元各种网格划分形式及 ABAQUS 的计算结果 K，并将其结果与试验所测值对比，其中相对误差 Δ 以下面公式计算：

$$\Delta = \frac{K_{cal} - K_{test}}{K_{test}} \times 100\% \qquad (2.3)$$

表 2.2　不同网格划分方式下的有机玻璃箱梁模拟（梁单元）

单元类型	单元长度与构件长度之比	跨中挠度 mm	跨中弯矩 ×10⁵N·mm	相对误差/(%) 挠度	弯矩*
B31	1/10	5.058	2.026	1.16	-10
	1/20	5.016	2.199	0.32	-2.32
	1/50	5.004	2.228	0.08	-1.04
	1/80	5.003	2.235	0.06	-0.73
	1/100	5.002	2.255	0.04	0.16

*注：弯矩理论值按 $0.25Pl$ 计算（P 为跨中集中荷载，l 为支座间跨度），为 225 132.75 N·mm。

从表 2.2 可以发现，跨中截面弯矩和挠度对梁单元长度的划分较为敏感，但当单元长度与构件长度之比小于 1/80 时，计算精度都能达到令人满意的水平。因此，后文采用梁单元时，其单元长度均小于 1/80 构件长。

此处，暂将梁单元长度定为构件长的 1/100，并将 1~2 号梁全部工况下的模拟结果统一列于表 2.3。从计算结果可以发现，当梁单元长度定为构件长的 1/100 时，可以获得精度较高的计算结果。

表 2.3 有机玻璃箱梁有限元计算值与试验值对比 (梁单元)

梁编号	跨度 mm	挠度 mm	荷载 N	FEM 挠度 mm	FEM 弯矩 ×10⁵N·mm	相对误差/(%) 挠度	弯矩*
1	1 560	5	252.240	5.005	0.982	0.09	−0.22
	1 400	5	347.832	5.005	1.215	0.10	−0.18
	1 200	5	542.280	5.003	1.629	0.06	0.16
	1 000	5	900.531	5.002	2.255	0.04	0.16
2	1 000	5	645.429	5.006	1.610	0.12	−0.20

*注：弯矩理论值按 $0.25Pl$ 计算，单位：N·mm。

2.4.2 实体单元数值模型校核

以 1 号梁 1 000 mm 跨度试验为例，此处详细讨论网格划分和单元选取对实体单元计算结果的影响。如图 2.11 所示，当采用实体单元建模时，由于对称性选取箱梁 1/2 跨建模，在跨中位置施加对称边界条件，在端部施加简支边界条件，利用参考点（RP-1）施加竖向荷载 450.266 N（由于采用对称建模方式，跨中集中荷载应减半），网格划分方式亦如图 2.11 所示。

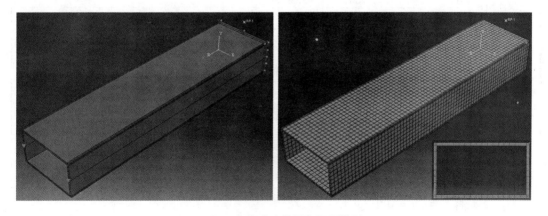

图 2.11 有机玻璃箱梁有限元模型

如表 2.4 所示，实体单元模型挠度对网格划分和单元选取敏感度均较高，当需研究结构挠度时，从计算精度和计算效率综合考虑，选用六面体 20 节点二次减缩积分单元（C3D20R）较六面体 8 节点减缩积分单元（C3D8R）好，并且对于薄壁结构，沿厚度方向不应少于 2 层单元，单元最大边长比建议控制在 4 以内。采用此建模思路对箱梁构件挠度和弯矩进行模拟（有限元模拟时，外荷载为试验荷载，计算此荷载作用下的跨中挠度及弯矩）。将1~3号梁全部工况下的模拟挠度及弯矩结果统一列于表2.5。从计算结果可以发现，根据建议的建模手段进行有限元计算，可以获得精度较高的计算结果。

表2.4　不同网格划分方式下的有机玻璃箱梁挠度（实体单元）

单元类型	壁厚方向单元数	单元最大边长比	单元总数	总节点数	跨中挠度 mm	相对误差 （%）
C3D8R	2	10	1 624	2 520	5.140	2.80
C3D8R	2	6	3 760	5 760	5.090	1.80
C3D8R	2	3.88	8 064	12 264	5.061	1.21
C3D8R	4	4	60 720	76 450	5.041	0.82
C3D20R	2	10	1 624	9 156	5.043	0.86
C3D20R	2	6	3 760	2 100	5.030	0.60
C3D20R	2	3.88	8 064	44 800	5.019	0.38
C3D20R	4	4	60 720	289 960	5.012	0.24

表2.5　有机玻璃箱梁有限元计算值与试验值对比（实体单元）

梁编号	跨度 mm	挠度 mm	荷载 N	FEM挠度 mm	FEM弯矩 ×10^5N·mm	相对误差/（%）	
						挠度	弯矩 *
1	1 560	5	252.240	4.988	0.985	−0.24	0.12
	1 400	5	347.832	5.016	1.218	0.32	0.06
	1 200	5	542.280	5.045	1.632	0.90	0.29
	1 000	5	900.531	5.028	2.247	0.56	−0.21
2	1 000	5	645.429	5.019	1.619	0.38	0.33
3	1 000	5	739.107	5.023	1.859	0.46	0.63

*注：弯矩理论值按0.25Pl计算，单位：N·mm。

采用上文建议的建模方法——单元选取C3D20R，薄壁厚度方向划分两层，单元最大尺寸比不大于4——对四箱室单向肋板进行有限元模拟，如图2.12所示；以试验荷载2 562.339N为外荷载，有限元跨中挠度为5.032mm，相对误差为0.64%，证实所采用的模拟手段是合理和准确的。

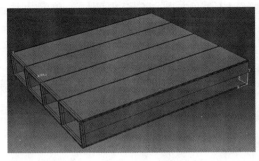

图 2.12 有机玻璃四箱室单向肋板有限元模型

通过上述对比分析可知,当采用实体单元时,为满足挠度计算精度要求,需要采用单元节点数较多、计算量较大、计算效率较低的六面体 20 节点二次减缩积分单元(C3D20R),当仅关心计算内力时,是否仍需要采用这样的建模方式,下面采用一个对比算例进行说明。

均布荷载作用下的不同边界条件的箱型截面梁,对比分析实体单元模型的计算结果与弹性梁单元理论的计算结果。模型参数为:箱型截面宽 0.83m、高 0.4m,壁厚 0.05m,均布荷载 $q = 6.24 \times 10^3 \text{N/m}^2$(等效线荷载为 $5 \times 10^3 \text{N/m}$),$l = 8.0$,材料弹性模量 $E = 3 \times 10^4$ MPa,泊松比 $\mu = 0.2$。不同单元计算结果对比见表 2.6。

表 2.6 不同网格划分方式下的箱梁弯矩

边界条件	理论值		实体单元				相对误差/(%)	
	跨中弯矩 kN·m	支座弯矩 kN·m	壁厚方向单元数	单元最大边长比	跨中弯矩 kN·m	支座弯矩 kN·m	跨中弯矩 kN·m	支座弯矩 kN·m
简支	40.00	0	2	1	40.00	0	0.0	0
				2	40.00		0.0	
				4	40.00		0.0	
				8	40.00		0.0	
				12	40.00		0.0	
固支	13.33	26.67	2	1	13.38	7.180	0.36	0.19
				2	13.38	7.231	0.36	0.19
				4	13.38	7.284	0.36	0.19
				8	13.38	7.389	0.36	0.19
				12	13.38	7.495	0.45	0.23

如表 2.6 所示,对于截面弯矩的计算,六面体 8 节点减缩积分单元(C3D8R)足以胜任,并且随着单元边长比的增加,实体单元与理论计算结果的误差增大并不显著。因此,

当仅关心截面弯矩时，采用 C3D8R 单元在薄壁结构厚度方向划分至少两层，单元边长比不超过 4 时，足以满足精度要求。

对比表 2.5 及表 2.6 中简支边界情况下弯矩计算精度相对误差可以发现，尽管表 2.5 采用了计算精度更高的单元，其弯矩误差仍大于表 2.6 中的计算结果。这是由于表 2.5 中算例施加的是跨中集中荷载，必须将集中力耦合在构件跨中一个较小区域，这造成了一定的建模误差。

综合 2.4.1 及 2.4.2 小节的论述，对于梁单元，采用单元长度小于 1/80 构件长度的 Timoshenko 梁单元建模时足以满足精度要求；对于实体单元，当需要考查目标构件的挠度时，采用 C3D20R 单元壁厚方向划分为两层，单元最大边长比不超过 4 的建模方法可以满足计算精度，当仅需考查目标构件的截面内力时，采用 C3D8R 单元在结构厚度方向划分至少两层，单元边长比不超过 4 时，足以满足精度要求。

2.5　本　章　小　结

本章首先根据相关规范测试了有机玻璃材料性质，包括拉伸弹性模量、黏结强度和泊松比；制作了单跨有机玻璃单箱室箱梁、单箱室带横隔箱梁及多箱室单向肋板模型；将三种梁板模型施加简支边界条件，采用集中荷载形式加载，测试了跨中截面的挠度值。基于薄壁结构挠曲的试验结果，本书针对网格划分方式、单元类型和单元尺寸对有限元计算精度进行了详细讨论，总结了能同时满足计算精度和计算效率的建模手段，并将这一手段用于对所有构件挠度的计算，经与试验实测值对比，本章提出的建模手段是合理和准确的。本章关于建模手段的论述，可为后续有限元分析工作提供支持。本章所测试验数据也可以进一步在后续部分中验证本书理论分析的正确性。

参　考　文　献

[1]　中国国家标准化管理委员会塑料-拉伸性能的测定：GB/T 1040—2006 [S]. 北京：中国标准出版社，2006.

3 空心楼盖直接设计法研究

空心楼盖技术规程[1-3]中直接设计法的计算方法和研究现状已在第 1.2.1 小节中详细阐述。正如前文提到的那样，一方面已有对直接设计法适用性的研究，均未针对盒状腔体空心楼盖，并且完成的算例分析数量有限，对空心楼盖各参数的分析也还不完善；另一方面，规程直接设计法完全沿用了美国 ACI 规范[4]中针对实心平板楼盖的分配系数，但由于楼盖内部存在空腔，节点区和柱轴线区又为实心，因而使空心楼盖截面刚度发生了改变，随着空心率的增加，这种刚度的不均匀性越发明显，如何考虑直接设计法中弯矩分配系数的变化，直接沿用实心平板的分配系数是否合理是本章讨论的主题。

本章考查具有相同参数的实心楼盖和空心楼盖的截面弯矩分布的异同，进而分析空心率（ρ）、板格边比（l_2/l_1）、柱跨比（c/l）、梁板相对抗弯刚度比（$\mu_1^{[1-3]}$）和边梁抗扭刚度比（$\beta_t^{[1-3]}$）等 5 个因素对空心楼盖弯矩分布的影响，得到内板格和端板格各弯矩控制截面的一次弯矩分配系数以及各控制截面内柱上板带板、跨中板带和柱上板带梁的二次弯矩分配系数，并与规范建议的直接设计法系数作对比，给出相关建议。

3.1 楼盖参数、计算模型及 Python 脚本

结构的弹性内力分析方法可用于正常使用极限状态和承载能力极限状态作用效应的分析，现浇混凝土空心楼盖结构在承载能力极限状态下的内力设计值也是按线弹性分析方法确定的[1-3]，基于这样的原因，本章所有算例与已有研究一样采用弹性分析。本节首先介绍空心楼盖设计参数和计算模型，最后介绍基于 ABAQUS 计算平台的采用 Python 语言编制的自动建模及分析脚本。

通过确定以下几何参数即可确定空心楼盖的布置（参见图 3.1）：计算跨度（l_1，l_2；下标 1 表示计算方向，2 表示从属方向，下同）、柱子宽度（wc_1，wc_2）、内梁宽度（wib_1，wib_2）、内梁高度（hib_1，hib_2）、边梁宽度（web_1，web_2）、边梁高度（heb_1，heb_2）、内部柱

轴线实心区域宽度（ws_1，ws_2）、边梁实心区域宽度（wis_1，wis_2）、内模边长（lb_1，lb_2）、内模高度（hb）、内模间肋宽（wb_1，wb_2）和顶、底板厚度（ts，bs）。通过各参数的组合，可以得到具有不同空心率的空心楼盖。为使设计算例更具一般性，本章以纵横向均为3跨的空心板-柱结构为例，考虑对称性，取整体的1/4为研究对象；算例分析时，以中柱两侧各1/2柱距范围为中计算单元，以板边到边柱另一侧1/2柱距范围为边计算单元，楼盖几何参数、控制截面（NZ，NF，DNF，DZ及DWF）及板带划分（CS1：边计算单元柱上板带，MS：边计算单元跨中板带，CS2：中计算单元柱上板带，MSL：中计算单元左侧跨中板带，MSR：中计算单元右侧跨中板带）如图3.1所示。计算单元划分、板带划分和弯矩控制截面位置的设定参考了 Park 和 Gamble[5] 的建议。

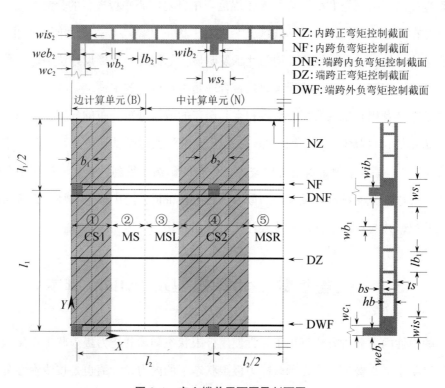

图 3.1　空心楼盖平面图及剖面图

ABAQUS 作为一款成熟的有限元软件被国内外企业、高校及各研究机构普遍采用，本章的算例分析也全部基于 ABAQUS 平台。为了避免建模简化带来的结果不确定性，本章所有算例均采用实体单元模拟，具体所采用的单元信息详见第2章。考虑到本章分析的算例数量庞大（共224个），每一个算例还要进行几何模型建立、材料性质赋予、荷载施加、弯矩控制截面剖分、选定、命名、网格划分、提交任务、后处理文件读取获得截面内力等流程，人工逐一建模不现实，如图 3.2 所示，根据 ABAQUS 脚本交互规则，Python 脚本可以代替人机交互界面（CAE）即图 3.2（a）部分的操作，为此，本书编制 Python 脚本（Python script）直接提交建模所需所有信息至 CAE 内核编译为输入文件（input file），并自动提交任务，待计算完成自动提取输出文件并读取控制截面内力，将数据记录至指定文件，全过程无需人工干预。Python 脚本详见附录 B。

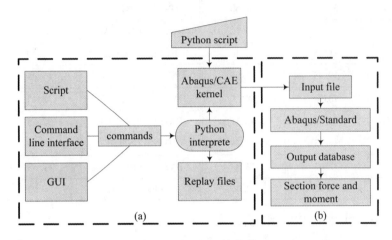

图 3.2　ABAQUS 脚本交互

3.2　空心板与实心板弯矩分布规律对比

设计两块各支座均有梁的空心楼盖和实心楼盖，使其参数相同（$l_1/l_2 = 1.0$，$\mu_1 = 1.0$，$\beta_t = 0.58$，参数意义参见图 3.1 及第 1.2.1 小节），其中空心楼盖空心率（ρ）为 30%。通过数值分析得到的各控制截面的弯矩分配系数见表 3.1，表中板带编号如图 3.1 所示，各截面命名规则为控制截面名称+板带名称，如 NZCS2 表示内跨正弯矩控制截面（NZ）的中计算单元柱上板带（CS2）弯矩值；（B）（N）分别代表边计算单元和中计算单元；M_0 为总静力弯矩，按式（1.2）计算。

表 3.1　空心板与实心板各弯矩控制截面弯矩分配系数计算值

弯矩控制截面分配比例	空心板（%）	实心板（%）	弯矩控制截面分配比例	空心板（%）	实心板（%）
NZ（B）/M_0（B）	35.15	34.69	DZB1/DZCS1	71.46	80.77
NZ（N）/M_0（N）	34.89	34.66	DZCS2/DZ（N）	70.73	70.43
NZCS1/NZ（B）	72.45	72.45	DZB2/DZCS2	67.48	77.74

续表

弯矩控制截面 分配比例	空心板 （%）	空心板 （%）	弯矩控制截面 分配比例	空心板 （%）	空心板 （%）
NZB1/NZCS1	71.73	80.96	DWF（B）/M_0（B）	29.93	27.28
NZCS2/NZ（N）	70.29	70.83	DWF（N）/M_0（N）	31.41	29.13
NZB2/NZCS2	67.33	77.89	DWFCS1/DWF（B）	85.55	81.44
NF（B）/M_0（B）	39.39	37.60	DWFB1/DWFCS1	73.84	76.51
NF（N）/M_0（N）	40.63	39.73	DWFCS2/DWF（N）	85.40	81.44
NFCS1/NF（B）	71.65	68.46	DWFB2/DWFCS2	72.39	73.66
NFB1/NCS1	59.95	63.06	DNF（B）/M_0（B）	65.44	66.27
NFCS2/NF（N）	70.94	68.26	DNF（N）/M_0（N）	68.43	69.90
NFB2/NFCS2	59.21	61.31	DNFCS1/DNF（B）	77.75	77.41
DZ（B）/M_0（B）	37.33	37.28	DNFB1/DNFCS1	72.93	77.26
DZ（N）/M_0（N）	37.07	37.32	DNFCS2/DNF（N）	77.58	77.24
DZCS1/DZ（B）	72.72	72.06	DNFB2/DNFCS2	72.02	76.13

从表 3.1 中，可以得到以下结论：

（1）对于空心板，边计算单元与中计算单元各弯矩控制截面的弯矩分配差距很小，可以认为一致。这一结论与实心板类似，为直接设计法用于空心楼盖提供了前提条件[5]。

（2）通过对比空心楼盖和实心楼盖各弯矩控制截面所分得的弯矩比例，可以发现，虽然在支座处由于柱和从属方向实心梁的约束，实心板与空心板各板带在支座处弯矩分布相差不大，但由于楼板刚度截面削弱，梁却承受了更多的弯矩，并且跨中位置的这种差距比支座截面位置体现得更显著，空心楼盖跨中截面柱上板带梁所承担的弯矩比实心楼盖高 10%。

从以上对特定参数的空心板和实心板的对比分析可以看出，实心板和空心板在竖向荷载下的弯矩分布略有不同，需要做进一步的分析。

3.3　柱帽尺寸对弯矩分布的影响

文献［5］指出，直接设计法中弯矩控制截面弯矩在柱上板带板、柱上板带梁及跨中板带间的分配比例主要源于采用瑞雷-里兹（Rayleigh-Ritz）能量法求解薄板弯曲得到的近似解。在 ACI318 规范[4]中，为了避免读取误差，将原来的光滑曲线改为更易于用数学方式和表格表述的双线性函数。

　　瑞雷-里兹能量法对板格边界条件作了一定的近似，不考虑柱子截面尺寸并假定为一点，这与实际情况不符。文献［6］初步讨论了实心板中柱（或柱帽）尺寸对弯矩分布的影响，表明由于柱（或柱帽）的存在，能明显改变板带（板格）的边界条件，对板带的约束产生影响，直接设计法的分配系数至今没有考虑这种影响。柱（或柱帽）尺寸对空心楼盖弯矩分布的影响更是无人研究。

　　本小节各算例选用最常用的板格边比（l_2/l_1）为 1.0 的内板格。对于无梁空心楼盖，按照规程[1-3]的构造要求设置相应宽度的柱轴线实心区域，算得梁板相对抗弯刚度比（$\mu_1 = E_{cb}I_b l_2/(E_{cs}I_s l_1)$，计算方法详见 1.2.1 小节）等于 0.218。空心楼盖设计时，为了体现其在增加有效层高上的优势，普遍不设立明梁或仅设置腹板高度很小的宽扁梁，对于 l_2/l_1 为 1.0 的空心楼盖来说，μ_1 不会大于 1。一般的工程项目，柱跨比（c/l）不会超过 0.2。综合以上各因素后，本书算例的 μ_1 取 0.218 和 1.0 两种情况，每种情况下柱跨比取 0~0.2，空心率取 0（实心楼盖）和 40%。分析结果如图 3.3 所示。

　　从图 3.3 可以看出：

　　（1）随着柱跨比（c/l）增加，弯矩控制截面负弯矩承担总设计弯矩 M_0 的比例缓慢下降，$\mu_1 = 0.218$ 时，实心板从 63.4% 下降至 56.7%，空心板从 63.8% 下降至 55.9%；$\mu_1 = 1.0$ 时，实心板从 66.7% 下降至 61.4%，空心板从 65.4% 下降至 57.9%，空心板下降的比例更大。负弯矩的变化主要体现在柱上板带和柱上板带梁上。

　　（2）随着柱跨比增加，弯矩控制截面正弯矩承担总设计弯矩 M_0 的比例缓慢上升，$\mu_1 = 0.218$ 时，实心板从 31.1% 上升至 39.1%，空心板从 31.3% 上升至 39.9%；$\mu_1 = 1.0$ 时，实心板从 34% 上升至 40.2%，空心板从 29.5% 上升至 37.6%，空心板上升的比例更大。正弯矩的变化主要体现在柱上板带梁和跨中板带上。通过对比还可以发现，空心楼盖截面弯矩相较于实心楼盖对柱跨比（c/l）的变化有更大的敏感性。

　　应该注意到，总设计弯矩值 M_0 是按照净跨计算的。对于内跨，规范规定：跨中正弯矩设计值取 $0.35M_0$，支座截面负弯矩设计值取 $0.65M_0$。根据以上的对比分析，规范取值偏负弯矩值的上限，偏正弯矩值的下限，但正弯矩值的误差在 5% 左右。因此，当柱跨比（c/l）不大于 0.2，梁板相对抗弯刚度比（μ_1）不大于 1.0 时，规范取值造成的误差是可以接受的，此时不需要单独考虑柱（或柱帽）尺寸对弯矩一次分布的影响。

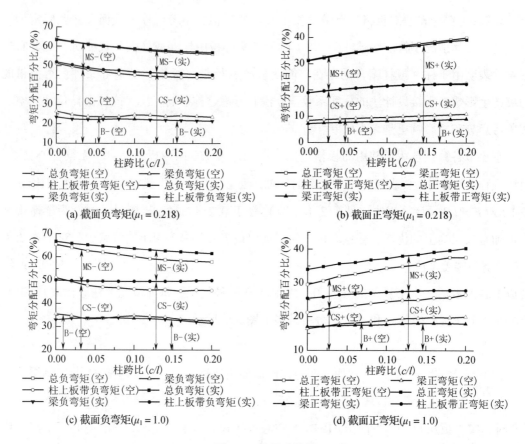

(a) 截面负弯矩($\mu_1 = 0.218$)

(b) 截面正弯矩($\mu_1 = 0.218$)

(c) 截面负弯矩($\mu_1 = 1.0$)

(d) 截面正弯矩($\mu_1 = 1.0$)

图 3.3　柱尺寸效应

3.4　空心率对二次弯矩分配系数的影响

结合规程建议的直接设计法，本节主要研究当 l_2/l_1 分别等于 0.5，1.0 和 2.0 时，在不同空心率（$\rho=0\%$，25%，30%，35% 和 40%）下，截面弯矩分配与梁板相对抗弯刚度比（μ_1）的关系。本节算例柱跨比（c/l）均为 0.1。

3.4.1　柱上板带负弯矩分配系数

如图 3.4 所示，当 $l_2/l_1 = 0.5$ 时，柱支撑板主要以计算方向（长边方向）的板带整体受弯为主，不论空心率的大小，柱上板带负弯矩分配系数与实心板近似，与直接设计法系数吻合且偏安全；当 l_2/l_1 等于 1.0 及 2.0 时，空心楼盖的分配系数随着空心率的不同略有区分，但变化都不大，可以认为由于柱子和柱轴线实心区域的约束，柱上板带负弯矩分配系数和实心板类似。但当 $l_2/l_1 \geqslant 1.0$ 时，直接系数法取用的柱上板带负弯矩值偏下限，特别是当 $l_2/l_1 = 2.0$ 时与计算值有较大的差距，尤其是工程中常见的 $\mu_1 < 1$ 的情况更为明显。建议对于 $l_2/l_1 = 1.0$ 的空心楼盖，当 $\mu_1 \geqslant 1$ 时，柱上板带应承受支座截面负弯矩的 80%；当 $\mu_1 = 0$ 时，柱上板带应承受支座截面负弯矩的 85%；当 $0 < \mu_1 < 1$ 时，可按线性插值确定柱上板带应承担的支座截面负弯矩值。对于 $l_2/l_1 = 2.0$ 的空心楼盖，当 $\mu_1 \leqslant 1$ 时，柱上板带应承受全部支座截面负弯矩值；当 $\mu_1 = 4$ 时，柱上板带应承受支座截面负弯矩的 80%；当 $1 < \mu_1 < 4$ 时，可按线性插值确定柱上板带应承担的支座截面负弯矩值。当 $l_2/l_1 = 2.0$ 时，总弯矩 M_0 较小，截面配筋可能受最小配筋率控制[5]，但仍应以本书建议值作验算。

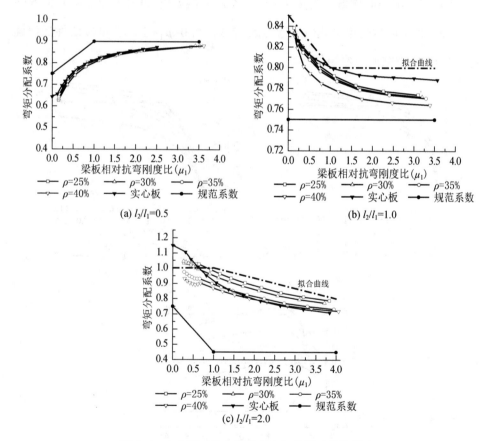

图 3.4　空心率对柱上板带负弯矩分配系数的影响

3.4.2 柱上板带正弯矩分配系数

正如在第 3.4.1 小节的算例分析一样，由于空心楼盖截面刚度的削弱，对于跨中截面来说，柱上板带部分相应比实心板承担更多的弯矩，并且随着空心率的增加，柱上板带正弯矩分配系数进一步增加。如图 3.5 所示，对于 $l_2/l_1 = 0.5$ 及 $l_2/l_1 = 1$ 的空心楼盖，当 $\mu_1 <$ 1.0 时，规范取值是合理的；当 $\mu_1 > 1$ 时，规范取用的柱上板带正弯矩比例偏低，但与计算值之间的差距均在 5% 以内，可以继续采用规范值。对于 $l_2/l_1 = 2$ 的空心楼盖，可以发现无论是实心板还是空心板，计算结果与规范值之间都有很大的差距，并且空心率对弯矩分配比例也有明显的影响。因此建议，对于实心楼盖，柱上板带应承受跨中截面正弯矩的 60%；对于 $\rho = 40\%$ 的空心楼盖，当 $\mu_1 = 0$ 时，柱上板带应承受跨中截面正弯矩的 60%，当 $\mu_1 \geqslant 1$ 时，柱上板带应承受跨中截面正弯矩的 75%，当 $0 < \mu_1 < 1$ 时，可按线性插值确定柱上板带应承担的跨中截面正弯矩值。

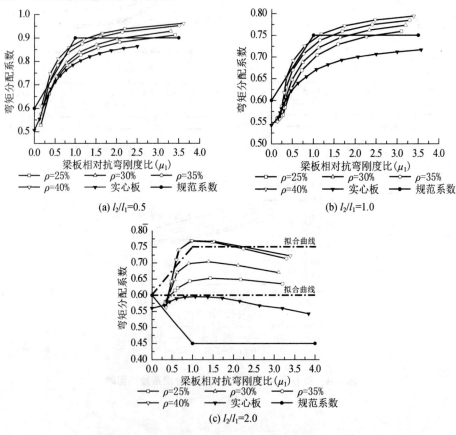

图 3.5 空心率对柱上板带正弯矩分配系数的影响

3.4.3 柱上板带梁弯矩分配系数

如图 3.6 所示，无论 l_2/l_1 的值如何，当 $\mu_1 > 1$ 时，梁分担的弯矩基本在柱上板带的 85% 左右。然而，对于工程中常见的 $\mu_1 \leqslant 1$ 的情况，由于直接设计法采用了线性插值，因而导致梁弯矩的查表值小于计算值，并且随着 l_2/l_1 的减小，梁实际承担的弯矩值比查表系数值高得更多，为方便设计，建议将拐点 "$\mu_1 = 1$" 偏安全地设为 "$\mu_1 = 0.5$"。

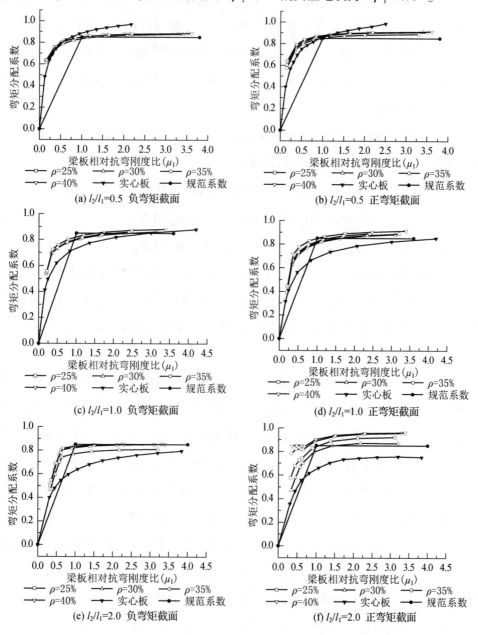

图 3.6 空心率对柱上板带梁弯矩分配系数的影响

3.5 端板格弯矩分配

3.5.1 总弯矩在支座截面和跨中截面的分配

端板格受力复杂，外支座与第一内支座对板系条带的约束程度不同，端跨跨度方向的弯矩分布一般是不对称的，分布形状主要取决于外柱的等效相对抗弯刚度 α_{ec}[5]：$\alpha_{ec} = K_{ec}/(K_b + K_s)$，其中：$K_{ec} = K_c/(1 + K_c/K_t)$ 为外柱等效抗弯刚度；$K_b = 4E_{cb}I_b/l_1$ 为梁抗弯刚度；$K_s = 4E_{cs}I_s/l_1$ 为板抗弯刚度；$K_c = 4E_{cc}I_{ct}/l_{ct} + 4E_{cc}I_{cb}/l_{cb}$ 为柱抗弯刚度；$K_t = 9E_cI_t/[l_2(1 - c_2/l_2)^3]$ 为梁抗扭刚度。

ACI318 规范针对端板格外端负弯矩（DWF）、跨中正弯矩（DZ）和第一内支座负弯矩（DNF）分别用以下几个公式[5]进行计算：

$$M_{\mathrm{DWF}} = [0.65/(1 + 1/\alpha_{ec})] M_0 \qquad (3.1)$$

$$M_{\mathrm{DZ}} = [0.63 - 0.28/(1 + 1/\alpha_{ec})] M_0 \qquad (3.2)$$

$$M_{\mathrm{DNF}} = [0.75 - 0.1/(1 + 1/\alpha_{ec})] M_0 \qquad (3.3)$$

ACI318 规范直接设计法中，对于端板格一次弯矩分配系数就是对式（3.1）~式（3.3）按不同几何尺寸和支座条件分析后确定的。本书针对空心率为 35% 的三种板格边比的端板格，分析了板格各控制截面弯矩分布与外柱等效抗弯刚度（α_{ec}）的关系，计算结果如图 3.7 所示。

通过图 3.7 可以发现，空心楼盖端板格三个弯矩控制截面一次弯矩分配系数与外柱等效抗弯刚度有直接关系：端支座负弯矩计算值与式（3.1）差距很小；跨中截面正弯矩计算值与式（3.2）差距也不大；差别较大的是内支座负弯矩，特别是当 $l_2/l_1 = 2.0$ 时，计算值与式（3.3）差距超过 15%，公式值均偏安全。考虑到内跨支座负弯矩为固定值 $0.65M_0$[2]，又由于支座处钢筋均采用拉通布置，即按照不平衡弯矩的较大值配筋，因此没有必要重新拟合端跨内支座负弯矩计算公式，可以仍按照 ACI 推荐的式（3.3）计算。

对于总弯矩在端跨各控制截面上的分配，规范虽列出了 5 类支座约束条件下的分配比例，但过于粗略，总弯矩的一次分配是否准确直接影响控制截面弯矩在柱上板带板、柱上板带梁及跨中板带上的弯矩分配。因此，鉴于端板格受力的复杂性，本书建议在一次弯矩分配时，应避免直接查表，而应根据外柱等效抗弯刚度用式（3.1）~式（3.3）计算。

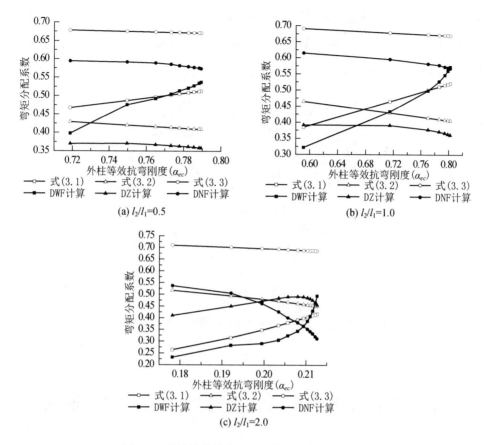

图 3.7 外柱等效抗弯刚度与截面弯矩分配的关系

3.5.2 端板格外支座负弯矩的分配

图 3.8 所示是在其他条件不变，仅改变边梁尺寸，考查边梁相对抗扭刚度比（β_t）对端板格外支座处各控制截面二次弯矩分配的影响。图中 DWF 为端板格外支座负弯矩截面，CS 为柱上板带，MS 为跨中板带，三者弯矩值关系为 $M_{DWF} = M_{CS} + M_{MS}$。当边梁抗扭刚度很小甚至没有边梁时，中间板带与柱之间相当于没有约束，中间板带弯矩应为零，此时，柱上板带应承担全部的外支座负弯矩。增大边梁抗扭刚度均可使中间板带弯矩增加，但当板格边比分别为 0.5，1.0 时，边梁抗扭刚度对柱上板带所承担的弯矩值影响较小。虽然板格边比为 2.0 时，柱上板带弯矩比例有一定的变化，但由于此时短跨方向承担的弯矩小，因而实际承担的弯矩值变化是有限的，始终处于很低的水平。所以当进行结构设计时，柱上板带承担的弯矩值可以采用一个很小的边梁抗扭刚度（如 $I_t = 0.01$）用式（3.1）直接

进行计算,支座截面负弯矩的剩余部分相应地由跨中板带承担。这样计算的柱上板带负弯矩值比实际值稍偏大,但考虑到边梁带裂缝工作,减小了对跨中板带的约束,意味着柱上板带承担的弯矩值会增加,设计时采用一个稍偏大的弯矩值反而是偏安全的。

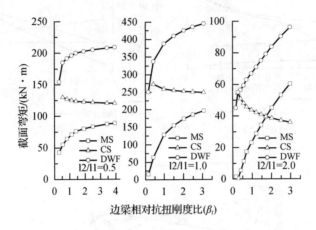

图 3.8　边梁相对抗扭刚度比对外端截面弯矩分配的影响

3.6　空心楼盖一次及二次弯矩分配系数的建议

综合 3.3~3.5 节算例分析,本书建议调整直接设计法查表系数,调整后的空心楼盖总设计弯矩的一次分配系数见表 3.2,空心楼盖柱上板带及梁弯矩的二次分配系数见表 3.3。表中参数的中间值采用线性插值,对于二次分配,跨中板带承担的弯矩由控制截面总弯矩扣除柱上板带承担的弯矩后得到。

表 3.2　空心楼盖一次弯矩分配系数

板格位置	截面内力	计算方法
内跨	正弯矩值	$0.35M_0$
	负弯矩值	$0.65M_0$
端跨	正弯矩值	$M_{DZ} = \left[0.63 - 0.28/(1 + 1/\alpha_{ec}) \right] M_0$
	外支座负弯矩值	$M_{DWF} = \left[0.65/(1 + 1/\alpha_{ec}) \right] M_0$
	内支座负弯矩值	$M_{DNF} = \left[0.75 - 0.1/(1 + 1/\alpha_{ec}) \right] M_0$

表 3.3 空心楼盖二次弯矩分配系数

截面内力	适用条件		l_2/l_1		
			0.5	1.0	2.0
内支座柱上板带负弯矩	$\mu_1 = 0$		0.75	0.85	1.0
	$\mu_1 \geq 1.0$		0.90	0.80	$(3.2-0.2\mu_1)/3$
端支座柱上板带负弯矩	$\mu_1 = 0$	$\beta_t = 0$	令 $I_t = 0.01$ 并代入公式 $M_{cs} = [0.65/(1+1/\alpha_{ec})]M_0$		
		$\beta_t \geq 2.0$			
	$\mu_1 \geq 1.0$	$\beta_t = 0$			
		$\beta_t \geq 2.0$			
柱上板带正弯矩	$\mu_1 = 0$	$\rho = 0$	0.6	0.6	0.6
		$\rho = 40\%$	0.6	0.6	0.6
	$\mu_1 \geq 1.0$	$\rho = 0$	0.9	0.75	0.6
		$\rho = 40\%$	0.9	0.75	0.75
梁弯矩	$0 \leq \mu_1 \leq 0.5$		$1.7\mu_1$		
	$\mu_1 > 0.5$		0.85		

3.7 本章小结

为研究直接设计法对盒状腔体空心楼盖的适用性，以典型的四角柱支撑盒状腔体空心楼盖为分析对象。本章用 ABAQUS 软件完成了 224 个算例分析，考查了具有相同参数的实心楼盖和空心楼盖的截面弯矩分布的异同，进而分析了空心率、板格边比、柱跨比、梁板相对抗弯刚度比和边梁抗扭刚度比等 5 个因素对空心楼盖弯矩分布的影响，得到了内板格和端板格各弯矩控制截面的一次弯矩分配系数以及各控制截面内柱上板带板、跨中板带和柱上板带梁的二次弯矩分配系数，并与规范建议的直接设计法系数做了对比。分析结果表明：空心楼盖与实心楼盖在边计算单元和中计算单元间以及各计算单元内的弯矩分布规律类似，差异主要体现在跨中正弯矩的分配上；当板格边比不大于 1 以及柱跨比不大于 0.2 时，柱（或柱帽）的尺寸效应对截面弯矩一次分配的影响可以忽略；规范中直接设计法的分配系数与计算值在部分截面有较大差距，需对柱上板带负弯矩、柱上板带正弯矩、柱上板带梁的弯矩分配作相应调整。根据分析结果，本章最终提出了直接设计法一次弯矩分配系数表（见表 3.2）和二次弯矩分配系数表（见表 3.3），供研究和设计应用。

参 考 文 献

[1] 装配箱混凝土空心楼盖结构技术规程：JGJ/T207—2010 [S]. 北京：中国建筑工业出版社, 2010.

[2] 现浇混凝土空心楼盖技术规程：JGJ/T268—2012 [S]. 北京：中国建筑工业出版社, 2012.

[3] 广东省现浇混凝土空心楼盖结构技术规程：DBJ 15—95—2013 [S]. 北京：中国建筑工业出版社, 2013.

[4] Building Code Requirements for Structural Concrete and Commentary：ACI 318-14 [S]. [S. l.：s. n.], 2014.

[5] PARK R, GAMBLE W L. Reinforced concrete slabs [M]. New York：John Wiley & Sons, 2000.

[6] GAMBLE W L. Moments in Beam Supported Slabs [J]. Journal of The American Concrete Institute, 1972, 69 (3)：149-157.

4 空心楼盖拟板法研究

空心楼盖技术规程[1-3]中拟板法的计算方法和研究现状已在 1.2.3 小节详细阐述。正如前文提到的那样，至今还没有研究者对不同拟板法的适用性和精度做过系统的对比和分析，且这些拟板法一般都没有考虑剪切变形影响。但是，剪切变形对箱型空心截面的影响显著高于拟板等效以后的实心截面，使得这些等效方法得到的内力和挠度精度是否满足工程要求存在疑问，如何考虑空心截面区别于实心截面的剪切变形、如何在拟板法中考虑剪切变形为本章的主题。

本章首先简要回顾弹性薄板的相关理论；其次根据 Timoshenko 梁剪切理论和模型试验数值模拟，分析剪切变形对空心楼盖箱型构件挠度的影响；依据弹性薄板理论，对比不同边界条件下多种拟板方法的思路和计算精度；最后提出等效实心平板剪切模量的取用方法和实用的考虑剪切变形挠度的修正手段。

4.1 弹性薄板的相关理论

4.1.1 弹性薄板弯曲的微分方程

弹性薄板理论中，对于实心平板的弯曲已经有较成熟的解析解，故可以将空心板通过特定的方法等效成实心平板，求出其挠度和内力的解析解。

根据张福范所著《弹性薄板》[4] 及 Timoshenko 所著《Theory of Plates and Shells》[5] 中的相关理论可知，各向同性板的弯曲微分方程为

$$D\left(\frac{\partial^4 w}{\partial x^4} + 2\frac{\partial^4 w}{\partial x^2 \partial y^2} + \frac{\partial^4 w}{\partial y^4}\right) = q(x,y) \tag{4.1}$$

式中，w 为挠度；$D = Et^3/[12(1-\mu^2)]$ 称为板的抗弯刚度，t 为板截面高度。

板内任一点的内力为

$$m_x = -D\left(\frac{\partial^2 w}{\partial x^2} + \mu\frac{\partial^2 w}{\partial y^2}\right); \quad m_y = -D\left(\frac{\partial^2 w}{\partial y^2} + \mu\frac{\partial^2 w}{\partial x^2}\right) \tag{4.2}$$

$$m_{xy} = -m_{yx} = -D(1-\mu)\frac{\partial^2 w}{\partial x \partial y} \tag{4.3}$$

$$Q_x = -D\frac{\partial}{\partial x}\left(\frac{\partial^2 w}{\partial x^2} + \frac{\partial^2 w}{\partial y^2}\right); \quad Q_y = -D\frac{\partial}{\partial y}\left(\frac{\partial^2 w}{\partial x^2} + \frac{\partial^2 w}{\partial y^2}\right) \tag{4.4}$$

上述 3 式中，角标表示与该坐标轴方向相同的内力。

当空心楼盖的模盒两个方向尺寸和肋间距不同时，箱型空心楼盖表现为构造正交各向异性，此时应等效为正交各向异性的实心板，经典板壳理论中正交各向异性板的弯曲微分方程为

$$D_x\frac{\partial^4 w}{\partial x^4} + 2H\frac{\partial^4 w}{\partial x^2 \partial y^2} + D_y\frac{\partial^4 w}{\partial y^4} = q(x,y) \tag{4.5}$$

式中，D_x，D_y 为两个方向抗弯刚度；H 为综合抗扭刚度，且

$$\left.\begin{aligned}
D_x &= E_x h^3/12(1-\mu_x\mu_y) \\
D_y &= E_y h^3/12(1-\mu_x\mu_y) \\
H &= \mu_y D_x + 2D_k = \mu_x D_y + 2D_k \\
D_k &= Gh^3/12
\end{aligned}\right\} \tag{4.6}$$

板内任一点内力为

$$m_x = -D_x\left(\frac{\partial^2 w}{\partial x^2} + \mu_y\frac{\partial^2 w}{\partial y^2}\right); \quad m_y = -D_y\left(\frac{\partial^2 w}{\partial y^2} + \mu_x\frac{\partial^2 w}{\partial x^2}\right) \tag{4.7}$$

$$m_{xy} = -m_{yx} = -2D_k\frac{\partial^2 w}{\partial x \partial y} \tag{4.8}$$

$$Q_x = -\left(D_x\frac{\partial^3 w}{\partial x^3} + H\frac{\partial^3 w}{\partial x \partial y^2}\right); \quad Q_y = -\left(D_y\frac{\partial^3 w}{\partial y^3} + H\frac{\partial^3 w}{\partial x^2 \partial y}\right) \tag{4.9}$$

4.1.2 均布荷载下不同边界条件矩形板弯曲的解

经过国内外学者对板的深入研究和板理论的长期发展，已经得到了一些特定边界条件下矩形板的弯曲解析解，本章将采用三种边界条件下的解析解，计算出均布荷载作用下经拟板等效后的空心楼盖的变形和内力，考查其是否与实际相吻合。

根据弹性薄板理论[4-5]易知，所有复杂边界条件的解，均可通过四边简支的解、广义

简支的解以及分布弯矩作用下的解叠加组合得到。例如，四边固支解为四边简支的解和分布弯矩的解叠加而得，四角点支撑的解为四边简支的解和广义简支的解叠加而得。还有其他更特殊的情况，比如（参照图4.1）以下一些情况。

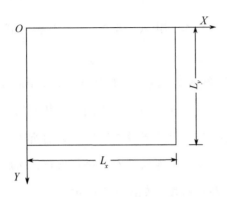

图 4.1　矩形板的尺寸和坐标

（1）一边（假定为 $y = 0$ 边）简支，另两角点被支撑情况的解，等于以下三部分叠加而得：（Ⅰ）四边简支；（Ⅱ）三边简支，$y = L_y$ 边广义简支；（Ⅲ）两对边 $y = 0$、$y = L_y$ 简支，两对边 $x = 0$、$x = L_x$ 为广义简支边。

（2）一边（假定为 $y = 0$ 边）固定，另两角点被支撑情况的解，等于以下四部分叠加而得：（Ⅰ）四边简支；（Ⅱ）三边简支，$y = L_y$ 边广义简支；（Ⅲ）两对边 $y = 0$、$y = L_y$ 简支，两对边 $x = 0$、$x = L_x$ 为广义简支边；（Ⅳ）四边简支，$y = 0$ 边作用分布弯矩。

（3）两相邻边（假定 $y = 0$ 边及 $x = 0$ 边）简支，一角点$(L_x, \ L_y)$被支撑的解，等于以下三部分叠加而得：（Ⅰ）三边简支，$y = L_y$ 边广义简支；（Ⅱ）三边简支，$x = L_x$ 边广义简支；（Ⅲ）四边简支。

现列出最常见的四边简支、四边固支以及四角点支撑三种情况的弹性解析解，其他不便于获得解析解的特殊情况也将在4.5节中进行讨论。

（1）四边简支矩形板的弯曲解。四边简支下的弯曲解（那维埃解）已被验证具有较高的精度。如图4.1所示，一边长分别为 L_x 和 L_y 的矩形板，在均布荷载下的那维埃解如下：

各向同性板：

$$w = \frac{16q}{\pi^6 D} \sum_{m=1,3,\cdots}^{\infty} \sum_{n=1,3,\cdots}^{\infty} \frac{1}{mn\left(\dfrac{m^2}{L_x^2} + \dfrac{n^2}{L_y^2}\right)^2} \sin\frac{m\pi x}{L_x} \sin\frac{n\pi y}{L_y} \qquad (4.10)$$

各向异性板：

$$w = \frac{16q}{\pi^6} \sum_{m=1,3,\cdots}^{\infty} \sum_{n=1,3,\cdots}^{\infty} \frac{1}{mn\left(D_x\dfrac{m^4}{L_x^4} + 2H\dfrac{m^2n^2}{L_x^2L_y^2} + D_y\dfrac{n^4}{L_y^4}\right)} \sin\frac{m\pi x}{L_x} \sin\frac{n\pi y}{L_y} \qquad (4.11)$$

根据板内任一点处的挠度，分别由式（4.2）～（4.4）、式（4.7）～（4.9）就可算出各点内力。

（2）四边固定矩形板的弯曲解。在实际工程中，支撑于墙或刚度较大的梁上的板均可简化为固定支撑，因此四边固定的板在垂直于板面的荷载下的弯矩问题具有重要的实际意义，很多学者都曾以各种不同的方法来解这类问题。如前所述，此问题的解可以采用叠加法获得，即先以四边简支的板为基本系统，对此进行求解，然后在简支矩形板的挠度上叠加沿各边缘分布的弯矩所产生的挠度，如图4.2所示。

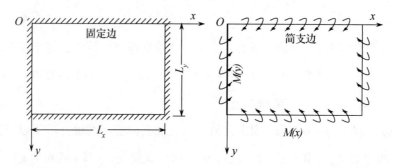

图4.2 四边固定矩形板及其求解原理

最终得到边长分别为 L_x 和 L_y 的四边固支矩形板在均布荷载 q 下的弯曲解析解如下。

各向同性板：

$$w = \frac{8}{\pi^4 L_x L_y D_m} \sum_{m=1,3,\cdots}^{\infty} \sum_{n=1,3,\cdots}^{\infty} \frac{1}{\left(\dfrac{m^2}{L_x^2} + \dfrac{n^2}{L_y^2}\right)^2} \left[\frac{2L_x L_y q}{mn\pi^2} + \frac{n\pi}{L_y}\frac{L_x}{2}E_m + \frac{m\pi}{L_x}\frac{L_y}{2}F_n\right] \sin\frac{m\pi x}{L_x}\sin\frac{n\pi y}{L_y}$$

$$(4.12)$$

正交各向异性板：

$$w = \frac{8}{\pi^4 L_x L_y} \sum_{m=1,3,\cdots}^{\infty} \sum_{n=1,3,\cdots}^{\infty} \frac{1}{D_x\dfrac{m^4}{L_x^4} + 2H\dfrac{m^2n^2}{L_x^2L_y^2} + D_y\dfrac{n^4}{L_y^4}} \times$$

$$\left[\frac{2L_x L_y q}{mn\pi^2} + \frac{n\pi}{L_y}\frac{L_x}{2}E_m + \frac{m\pi}{L_x}\frac{L_y}{2}F_n\right] \sin\frac{m\pi x}{L_x}\sin\frac{n\pi y}{L_y} \qquad (4.13)$$

式中，E_m 与 F_n 分别为将四边上的分布弯矩 $M(x)$ 与 $M(y)$ 展开成傅里叶级数时的系数，即

$$M(x) = \sum_{m=1,3,\cdots}^{\infty} E_m \sin\frac{m\pi x}{L_x} ; M(y) = \sum_{m=1,3,\cdots}^{\infty} E_m \sin\frac{m\pi y}{L_y} \qquad (4.14)$$

当板的四边 $x=0$，$x=L_x$ 及 $y=0$，$y=L_y$ 为固支时，其转角为零，故有边界条件

$$\left(\frac{\partial w}{\partial x}\right) = \left(\frac{\partial w}{\partial y}\right) = 0 \qquad (4.15)$$

故将式（4.12）或式（4.13）带入上述边界条件即可得到关于 E_m 与 F_n 的一组无穷联立方程：

$$\left.\begin{array}{l} \sum_{n=1,3,\cdots}^{\infty} \dfrac{1}{\left(\dfrac{m^2}{L_x^2}+\dfrac{n^2}{L_y^2}\right)^2}\left[\dfrac{2L_xL_yq}{m\pi^2}+\dfrac{\pi n^2}{L_y}\dfrac{L_x}{2}E_m+\dfrac{\pi mn}{L_x}\dfrac{L_y}{2}F_n\right]=0 \\[4mm] \sum_{m=1,3,\cdots}^{\infty} \dfrac{1}{\left(\dfrac{m^2}{L_x^2}+\dfrac{n^2}{L_y^2}\right)^2}\left[\dfrac{2L_xL_yq}{n\pi^2}+\dfrac{\pi mn}{L_y}\dfrac{L_x}{2}E_m+\dfrac{\pi m^2}{L_x}\dfrac{L_y}{2}F_n\right]=0 \end{array}\right\} \qquad (4.16)$$

或

$$\left.\begin{array}{l} \sum_{n=1,3,\cdots}^{\infty} \dfrac{1}{D_x\dfrac{m^4}{L_x^4}+2H\dfrac{m^2n^2}{L_x^2L_y^2}+D_y\dfrac{n^4}{L_y^4}}\left[\dfrac{2L_xL_yq}{m\pi^2}+\dfrac{\pi n^2}{L_y}\dfrac{L_x}{2}E_m+\dfrac{\pi mn}{L_x}\dfrac{L_y}{2}F_n\right]=0 \\[5mm] \sum_{m=1,3,\cdots}^{\infty} \dfrac{1}{D_x\dfrac{m^4}{L_x^4}+2H\dfrac{m^2n^2}{L_x^2L_y^2}+D_y\dfrac{n^4}{L_y^4}}\left[\dfrac{2L_xL_yq}{n\pi^2}+\dfrac{\pi nm}{L_y}\dfrac{L_x}{2}E_m+\dfrac{\pi m^2}{L_x}\dfrac{L_y}{2}F_n\right]=0 \end{array}\right\} \qquad (4.17)$$

求解这个无穷联立方程组可解出系数 E_m 与 F_n，将它们带入式（4.12）或式（4.13），即可得到板内各点的挠度，再进一步得到板内各点的内力。

（3）四角点支承矩形板的弯曲解。一均布荷载 q 作用下的矩形板，它的四个角点被支承，如图4.3所示。其挠度可利用广义简支边求解。广义简支边上的弯矩与通常的简支边相同，即沿边各点弯矩为零，但沿广义简支边各点有既定的挠度值，而并不是像通常的简支边各点挠度为零，即沿广义简支边 $w \neq 0$，$M=0$。作用于广义简支边上的剪力与通常简支边情况相同。

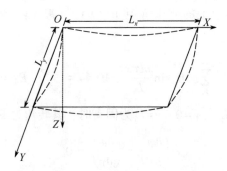

图 4.3　四角点支承矩形板

对于如图 4.3 所示的四角点支承矩形板的每一条自由边，例如 $x = L_x$，其边界条件为 $M_x = 0$，$V_x = 0$。该矩形板弯曲问题的解，可以由叠加以下三个部分而得到。

1）一矩形板，两对边 $x = 0$，$x = L_x$ 为简支边，两对边 $y = 0$，$y = L_y$ 为广义简支边，沿边的挠度曲线为

$$(w) = \sum_{m=1} a_m \sin \frac{m\pi x}{L_x} \tag{4.18}$$

式中，a_m 为待定系数，可由边界条件推出板的弯曲面为

$$
\begin{aligned}
w = \frac{1-\mu}{2} \sum_{m=1} a_m &\left\{ \frac{\cosh\alpha_m - 1}{\sinh\alpha_m} \left[\left(\frac{\alpha_m}{\sinh\alpha_m} - \frac{2}{1-\mu} \right) \sinh \frac{m\pi y}{L_x} + \frac{m\pi y}{L_x} \cosh \frac{m\pi y}{L_x} \right] + \right. \\
&\left. \frac{2}{1-\mu} \cosh \frac{m\pi y}{L_x} - \frac{m\pi y}{L_x} \sinh \frac{m\pi y}{L_x} \right\} \sin \frac{m\pi x}{L_x}
\end{aligned}
\tag{4.19}
$$

式中，$\alpha_m = m\pi L_y / L_x$。

2）一矩形板，两对边 $y = 0$，$y = L_y$ 为简支边，两对边 $x = 0$，$x = L_x$ 为广义简支边，沿边的挠度曲线为

$$(w) = \sum_{i=1} b_i \sin \frac{i\pi y}{L_y} \tag{4.20}$$

式中，b_i 为待定系数，可由边界条件推出板的弯曲面为

$$
\begin{aligned}
w = \frac{1-\mu}{2} \sum_{i=1} b_i &\left\{ \frac{\cosh\beta_i - 1}{\sinh\beta_i} \left[\left(\frac{\beta_i}{\sinh\beta_i} - \frac{2}{1-\mu} \right) \sinh \frac{i\pi x}{L_y} + \frac{i\pi x}{L_y} \cosh \frac{i\pi x}{L_y} \right] + \right. \\
&\left. \frac{2}{1-\mu} \cosh \frac{i\pi x}{L_y} - \frac{i\pi x}{L_y} \sinh \frac{i\pi x}{L_y} \right\} \sin \frac{i\pi x}{L_y}
\end{aligned}
\tag{4.21}
$$

式中，$\beta_i = i\pi L_x / L_y$。

3）四边简支的矩形板，作用有均布荷载 q，板的弯曲面见前述第（1）部分。

为了满足四条自由边的边界条件，应叠加以上三个部分相应边的剪力，使它们的和为零。为使 $x=L_x$ 这边的剪力为零，叠加 1），2），3）部分相应边剪力并令其等于 0，有

$$\sum_{i=1,3,5,\cdots}\left\{-\frac{1}{2(1-\mu)^2}\cdot\frac{qL_x^3L_y}{D\pi^4 i^5}\left[(3-\mu)\tanh\frac{\beta_i}{2}-(1-\mu)\frac{\beta_i}{2\cosh^2(\beta_i/2)}\right]-\right.$$

$$\left.\sum_{m=1,3,5,\cdots}\frac{a_m}{m\left(\frac{L_y^2}{L_x^2}+\frac{i^2}{m^2}\right)^2}+\frac{\pi}{8}\cdot\frac{L_x^3}{L_y^3}b_i\frac{\cosh\beta_i-1}{\sinh\beta_i}\left[\frac{3+\mu}{1-\mu}-\frac{\beta_i}{\sinh\beta_i}\right]\right\}=0 \quad (4.22)$$

由于对称，消除 $x=0$ 这边的剪力将得到一个相同的方程；为使 $y=L_y$ 这边的剪力为零，叠加 1），2），3）部分相应边剪力并令其等于 0，有

$$\sum_{m=1,3,5,\cdots}\left\{-\frac{1}{2(1-\mu)^2}\cdot\frac{qL_y^3L_x}{D\pi^4 m^5}\left[(3-\mu)\tanh\frac{\alpha_m}{2}-(1-\mu)\frac{\alpha_m}{2\cosh^2(\alpha_m/2)}\right]-\right.$$

$$\left.\sum_{i=1,3,5,\cdots}\frac{b_i}{i\left(\frac{L_x^2}{L_y^2}+\frac{m^2}{i^2}\right)^2}+\frac{\pi}{8}\cdot\frac{L_y^3}{L_x^3}a_m\frac{\cosh\alpha_m-1}{\sinh\alpha_m}\left[\frac{3+\mu}{1-\mu}-\frac{\alpha_m}{\sinh\alpha_m}\right]\right\}=0$$

$$(4.23)$$

对于 $y=0$ 边，由于对称，将得到一个相同的方程，以上两式联立可求解系数 b_i，a_m，继而可求出 1），2），3）部分的挠度和内力，叠加后可得四角点支承板的任一点的挠度和内力。

4.2 剪切变形对箱型截面构件的影响

计算挠度时，一般情况下，对于梁或板这种厚度方向尺寸远小于跨度方向尺寸的构件，其剪切变形占总变形的比例较小，通常忽略剪切变形引起的挠度。但对于薄壁箱型截面的箱梁或空心楼盖来说，剪切变形对挠度的影响可能较明显，故本节同时采用考虑和不考虑剪切变形两种方法来计算挠度，以作对比。

对于箱型截面梁来说，根据虚功原理，可推导其考虑剪切变形时的挠度计算公式：

$$\Delta=\int\frac{\overline{M}_1 M_P}{EI}\mathrm{d}x+\int\frac{\eta\overline{F}_1 F_P}{GA}\mathrm{d}x=2\int_0^{\frac{L}{2}}\frac{\overline{M}_1 M_P}{EI}\mathrm{d}x+2\int_0^{\frac{L}{2}}\frac{\eta\overline{F}_1 F_P}{GA}\mathrm{d}x \quad (4.24)$$

式中，M_p，F_p，$\overline{M}_1$，$\overline{F}_1$，η 分别为外荷载作用下任意截面弯矩、剪力，单位荷载作用下任

意截面弯矩、剪力，截面剪应力不均匀系数。

（1）均布荷载简支梁（坐标原点在跨中位置）。

$$M_P = \frac{qL}{2}\left(x + \frac{L}{2}\right)\left(\frac{1}{2} - \frac{x}{L}\right); \quad F_P = -qx$$

$$\overline{M}_1 = \frac{L}{2}\left(\frac{1}{2} - \frac{x}{L}\right); \quad \overline{F}_1 = -\frac{1}{2} \quad (0 \leqslant x \leqslant \frac{L}{2})$$

(4.25)

将式（4.25）代入式（4.24）并整理（f_0为跨中挠度）：

$$f = \frac{q}{EI}\left(\frac{x^4}{24} - \frac{L^2 x^2}{16} + \frac{5L^4}{384}\right) + \frac{q\eta}{2GA}\left(\frac{L^2}{4} - x^2\right)$$

$$f_0 = 5qL^4/(384EI) + \eta qL^2/(8GA)$$

(4.26)

（2）均布荷载固支梁（坐标原点在跨中位置）。

$$M_P = -\frac{q}{2}x^2 + \frac{qL^2}{24}; \quad F_P = -qx$$

$$\overline{M}_1 = \frac{L}{8}\left(1 - \frac{4x}{L}\right); \quad \overline{F}_1 = -\frac{1}{2} \quad (0 \leqslant x \leqslant \frac{L}{2})$$

(4.27)

将式（4.27）代入式（4.24）并整理（f_0为跨中挠度）：

$$f = \frac{q}{EI}\left(\frac{x^4}{24} - \frac{L^2 x^2}{48} + \frac{L^4}{384}\right) + \frac{q\eta}{2GA}\left(\frac{L^2}{4} - x^2\right)$$

$$f_0 = qL^4/(384EI) + \eta qL^2/(8GA)$$

(4.28)

（3）跨中集中荷载简支梁（坐标原点在跨中位置）。

$$M_P = \frac{PL}{2}\left(\frac{1}{2} - \frac{x}{L}\right); \quad F_P = -\frac{P}{2}$$

$$\overline{M}_1 = \frac{L}{2}\left(\frac{1}{2} - \frac{x}{L}\right); \quad \overline{F}_1 = -\frac{1}{2} \quad (0 \leqslant x \leqslant \frac{L}{2})$$

(4.29)

将式（4.29）代入式（4.24）并整理（f_0为跨中挠度）：

$$f_0 = 4PL^3/(192EI) + \eta PL/(4GA)$$

(4.30)

（4）跨中集中荷载固支梁（坐标原点在跨中位置）。

$$M_P = \frac{PL}{8}\left(1 - \frac{4x}{L}\right); \quad F_P = -\frac{P}{2}$$

$$\overline{M}_1 = \frac{L}{8}\left(1 - \frac{4x}{L}\right); \quad \overline{F}_1 = -\frac{1}{2} \quad (0 \leqslant x \leqslant \frac{L}{2})$$

(4.31)

将式（4.31）代入式（4.24）并整理（f_0为跨中挠度）：

$$f_0 = PL^3/(192EI) + \eta PL/(4GA) \tag{4.32}$$

从以上分析可以看出，对同一种荷载工况（均布或跨中集中荷载作用），箱梁的剪切挠度是相同的，因此当箱梁边界约束越强，则弯曲挠度越小，此时剪切变形所占总的挠度的比重就会越大。由第 2 章的分析可以知道，一方面，ABAQUS 的分析结果尤其是采用建议建模手段的弹性分析结果是可信的；另一方面，截面剪应力不均匀系数 η 的计算尽管可以参考被广泛认可并采用的施炳华建议公式[6]，但其计算过程相当复杂，综上，本节构件总挠度 f_0 均采用 ABAQUS 计算结果，弯曲挠度 f_b 采用上述理论公式计算，相应地，剪切挠度根据 $f_s = f_0 - f_b$ 计算。

（1）箱型截面梁。为不脱离空心楼盖讨论，如图 4.4 所示，从空心楼盖相邻两肋梁中轴线之间取出一个空心板单元，忽略沿跨度方向分布的横肋，则该空心板单元可以看作一个箱型截面梁。该箱型梁的上下壁厚等于空心楼盖顶板（ts）和底板（bs）厚度，左右壁厚（wb'）等于空心楼盖肋梁宽度（wb）的一半，空心部分宽度（lb）和高度（hb）与空心楼盖的箱型空腔尺寸一致，截面总宽度等于空心楼盖肋梁间距，截面总高度等于空心楼盖总板厚。对于工程中常见空心率下的空心楼盖，可以看作是由多个薄壁箱型截面梁连续排列组成的结构，其受力性能与薄壁结构应有类似之处。

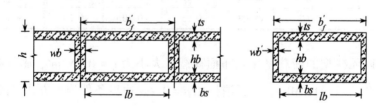

图 4.4　箱型空心楼盖的组成和构造单元

在满足规程对于空心楼盖构造要求的前提下，设计了 6 种空心率和 5 种跨高比的箱型梁，根据第 2 章建议的建模手段，通过 ABAQUS 有限元数值模拟和理论计算来考查剪切变形对箱型截面梁挠曲的影响。

6 种空心率分别为 25%，30%，35%，40%，45% 和 50%。不同空心率的梁截面只有左右壁厚（wb'）和空心部分宽度（lb）变化，截面高度方向的几何尺寸（ts，bs）不变，为简化分析，假定 $ts = bs$，所有梁跨 L 均为 9.4m。各空心率下箱型梁截面的尺寸见表 4.1，各符号含义参考图 4.4。

表 4.1　各空心率 ρ 下箱型梁截面尺寸　　　　　（单位：m）

$\rho/（\%）$	wb'	lb	b_f'	ts	hb	h	L	L/h
25	0.175	0.575	0.925	0.05	0.2	0.3	9.4	31.33
30	0.145	0.629	0.919	0.05	0.2	0.3	9.4	31.33
35	0.115	0.683	0.913	0.05	0.2	0.3	9.4	31.33
40	0.090	0.728	0.908	0.05	0.2	0.3	9.4	31.33
45	0.065	0.773	0.903	0.05	0.2	0.3	9.4	31.33
50	0.042	0.814	0.898	0.05	0.2	0.3	9.4	31.33

变化跨高比 L/h 时，保持梁跨长（L）、顶底板厚度（ts，bs）和宽度方向尺寸（wb'，lb）不变，只改变空心部分高度（hb）。各跨高比下箱型梁截面的尺寸见表 4.2。

表 4.2　各跨高比 L/h 下箱型梁截面尺寸　　　　　（单位：m）

L/h	wb'	lb	b_f'	ts	hb	h	L	$\rho/（\%）$
23.50	0.065	0.773	0.903	0.05	0.30	0.40	9.4	50.72
26.86	0.065	0.773	0.903	0.05	0.25	0.35	9.4	48.30
31.33	0.065	0.773	0.903	0.05	0.20	0.30	9.4	45.08
37.60	0.065	0.773	0.903	0.05	0.15	0.25	9.4	40.57
47.00	0.065	0.773	0.903	0.05	0.10	0.20	9.4	33.81

箱型梁有限元模型的荷载采用均布面荷载，大小为 $q=10\text{kN/m}^2$，施加在梁上表面，材料弹性模量 $E=2.55\times10^4\text{MPa}$，材料泊松比 $\mu=0.2$。边界条件施加方式、网格尺寸和划分方式与第 2 章中经过验证的方法相同。单元采用实体单元 C3D20R。简支边界条件和固支边界条件的计算结果分别见表 4.3~表 4.6。

表 4.3　各空心率下简支箱型梁跨中挠度　　　　　（单位：mm）

$\rho/（\%）$	25	30	35	40	45	50
（1）f_0	21.89	22.45	23.06	23.62	24.24	24.92
（2）f_b	21.72	22.23	22.76	23.24	23.74	24.23
（3）f_s	0.17	0.22	0.30	0.38	0.50	0.69
$f_s/f_0/（\%）$	0.78	0.98	1.30	1.61	2.06	2.77

表 4.4　各跨高比下简支箱型梁跨中挠度　　　　　　（单位：mm）

L/h	23.5	26.86	31.33	37.6	47
(1) f_0	12.04	16.62	24.24	38.23	67.94
(2) f_b	11.7	16.22	23.74	37.56	66.96
(3) f_s	0.34	0.4	0.5	0.67	0.97
$f_s/f_0/(\%)$	1.45	1.49	1.60	1.78	2.06

表 4.5　各空心率下两端固定箱型梁跨中挠度　　　　　（单位：mm）

$\rho/(\%)$	25	30	35	40	45	50
(1) f_0	4.5	4.649	4.819	4.984	5.187	5.442
(2) f_b	4.344	4.446	4.552	4.648	4.748	4.846
(3) f_s	0.156	0.203	0.267	0.336	0.439	0.596
$f_s/f_0/(\%)$	3.47	4.37	5.54	6.74	8.46	10.95

表 4.6　各跨高比下两端固定箱型梁跨中挠度　　　　　（单位：mm）

L/h	23.5	26.86	31.33	37.6	47
(1) f_0	2.611	3.581	5.187	8.118	14.31
(2) f_b	2.34	3.244	4.748	7.512	13.394
(3) f_s	0.271	0.337	0.439	0.606	0.916
$f_s/f_0/(\%)$	10.37	9.41	8.46	7.46	6.40

（2）多箱室单向肋板。算例 1 为均布荷载作用下的简支箱型空心单向肋板和实心矩形单向板对比算例。箱型空心单向肋板截面如图 4.5 所示，顶板厚度（ts）、底板厚度（bs）及腹板厚度（wb）均为 0.05m，跨度（L_y）为 9.4m，短边长（L_x）为 3.85m。实心单向板截面总宽度、总厚度及跨度同箱型空心单向肋板。板上作用均布荷载 $q=10\text{kN/m}^2$，不计自重，弹性模量 $E=2.55\times10^4\text{MPa}$，材料泊松比 $\mu=0.2$。算例 2 边界条件为固支，其他同算例 1。箱型空心单向肋板按照第 2 章要求划分网格，箱体顶、底板和腹板均划分为两层单元，单元最大边长比为 2，单元总数为 34 592。计算结果见表 4.7。

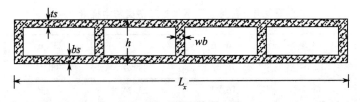

图 4.5 箱型空心肋板

表 4.7 箱型空心肋板与实心板挠度对比 （单位：mm）

挠度	简支多箱室单向肋板		固支多箱室单向肋板	
	箱型	矩形	箱型	矩形
(1) f_0	25.358	17.804	5.705	3.572
(2) f_b	24.509	17.719	4.902	3.544
(3) f_s	0.849	0.085	0.803	0.028
$f_s/f_0/(\%)$	3.35	0.477	14.08	0.78

　　综合对梁挠度的理论推导及箱型截面梁和多箱室单向肋板，可以发现无论是薄壁截面的箱梁还是单向肋板，空心的存在使剪切挠度在整体挠度中所占比例较为明显，尤其是当跨度较小或者边界约束较强时，例如当固支时，箱梁剪切挠度占总挠度的比例随着空心率的增加在 3.47%~10.95% 之间变化；单向肋板的剪切挠度甚至达到了 14.08%。因此，有必要详细研究空心楼盖的剪切变形。

4.3　不同拟板法内力及变形对比分析

　　由前所述，实心平板中的弯曲问题已有较成熟的解析解，故可将空心楼盖等效成实心平板，利用弹性薄板的解析解计算挠度和内力。由 4.1 节所述三种不同边界条件下实心平板的弯曲解公式可知，将空心楼盖等效成实心平板的关键在于等效刚度的确定。对于两个方向构造特征相同的空心板，可等效成各向同性板，只需确定抗弯刚度的值；对于两个方向构造特征不同的空心板，可等效成正交各向异性板，需确定两个方向抗弯刚度和综合抗扭刚度值。

国内具有代表性的三种拟板刚度等效方法有：规程[2-3]中提到的抗弯刚度等效方法（以下简称"规程法"），胡肇滋等[7]提出的正交构造异性板刚度计算方法（以下简称"胡肇滋法"）和谢靖中[8-9]提出的考虑宏观泊松比的方法（以下简称"谢靖中法"）。以下对三种等效方法作简单阐述。

4.3.1　三种拟板刚度等效方法

（1）规程法。详见 1.2.3 小节。

（2）胡肇滋法。对于主方向的抗弯刚度 D_x 和 D_y，胡肇滋认为可按板肋结构纵横肋的构造间距划分为 T 形梁，按材料力学公式计算出 T 形梁的抗弯刚度除以构造间距确定，并且仅考虑翼缘板的泊松效应。按照其思路，可推导出适用于空心楼盖的等效刚度：

$$\left.\begin{aligned}
D_x &= \left[\frac{bs^3 + ts^3}{12} + ts\left(h_{na} - \frac{1}{2}ts\right)^2 + bs\left(h - h_{na} - \frac{1}{2}bs\right)^2\right]\frac{E}{(1-\mu^2)} + \\
&\quad \frac{E[1/12 \cdot wb_x \cdot hb^3 + wb_x \cdot hb(0.5hb - h_{na} + ts)^2]}{lb_x + wb_x} \\
D_y &= \left[\frac{bs^3 + ts^3}{12} + ts\left(h_{na} - \frac{1}{2}ts\right)^2 + bs\left(h - h_{na} - \frac{1}{2}bs\right)^2\right]\frac{E}{(1-\mu^2)} + \\
&\quad \frac{E[1/12 \cdot wb_y \cdot hb^3 + wb_y \cdot hb(0.5hb - h_{na} + ts)^2]}{lb_y + wb_y}
\end{aligned}\right\} \quad (4.33)$$

式（4.33）中参数详见图 4.7。

胡肇滋认为构造异形板的综合抗扭刚度 H 应等于板、纵肋与横肋三者抗扭刚度之和的一半。据此，本书对空心楼盖的综合抗扭刚度进行了推导，不同于 T 形梁，空心楼盖还应计及底板对 H 的贡献，

$$H = \frac{\mu E(bs^3 + ts^3)}{12(1-\mu^2)} + \frac{G}{2}\left(\frac{J_{Tx}}{lb_x + wb_x} + \frac{J_{Ty}}{lb_y + wb_y}\right) \quad (4.34)$$

式中，等号右边第一项代表顶、底板对综合抗扭刚度的贡献，后两项代表纵、横箱梁对综合抗扭刚度的贡献，其中 J_{Tx}，J_{Ty} 为纵、横箱梁抗扭惯性矩，其他参数详见图 4.7。求得 D_x，D_y 及 H 后，可按式（4.7）及式（4.9）求解空心板内力及挠度。

（3）谢靖中法。谢靖中在文献［8，9］中提到了方盒空心板的"横肋现象"，即横肋的约束作用使双向肋板宏观弹性模量增大的现象。他通过施加板面内轴向均匀压力，计算两方向变形，如图 4.6 所示，由变形的比值得到宏观泊松比

$$\mu_x = \mu_0 \frac{1 - \gamma_y}{1 - \mu_0^2 \gamma_y (1 - \gamma_x)} \qquad (4.35)$$

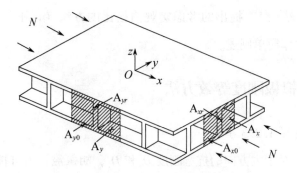

图 4.6 轴压作用下的方盒空心板[93,94]

横肋的影响，使得双向肋板在轴压下的实际弹性模量为

$$E_x' = \frac{E_0}{1 - \mu_0^2 \gamma_y (1 - \gamma_x)} \qquad (4.36)$$

双向肋板等效为匀质板后，在轴压下的实际宏观弹性模量应为

$$E_x = \frac{E_0 \lambda_x}{1 - \mu_0^2 \gamma_y (1 - \gamma_x)} \qquad (4.37)$$

以上两式中，$\gamma_x = A_{xr}/(A_{x0} + A_{xr})$，$\lambda_x = (A_{x0} + A_{xr})/A_x$，其中 A_{xr} 是计算单元纵肋的面积，A_{x0} 是纵向肋间板的面积，A_x 是与计算单元同宽等高的实心截面面积；E_0，μ_0 分别为基本材料本身的弹性模量、泊松比。若板两个方向几何尺寸相同，则 $\gamma_x = \gamma_y$，$\lambda_x = \lambda_y$，$E_x = E_y$，$\mu_x = \mu_y$，即等效为各向同性板，进一步可得到抗弯刚度 D，求解各向同性板的弯曲解。

4.3.2 拟板法内力及变形对比分析

空心率 ρ 是空心楼盖核心控制参数，本小节即以此为主要考查参数并设计算例。空心楼盖尺寸及板带划分如图 4.7 所示，本小节空心楼盖算例每边各排列的箱体数量 n 为 10个，楼盖跨度 $L_x = L_y = 9.4$m，暗梁宽度 $wis_x = wis_y = 0.25$m，截面总高度 $h = 0.3$m，顶板和底板厚度 $ts = bs = 0.05$m，箱体高度即纵横肋高度 $hb = 0.2$m，其他参数见图 4.7，空心楼盖几何参数见表 4.8。

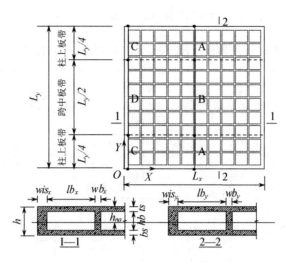

图 4.7　箱型空心楼盖模型示意图及控制截面

表 4.8　空心楼盖几何参数

$\rho/(\%)$	横向构造宽度/m		纵向构造宽度/m	
	模盒（lb_x）	肋梁（wb_x）	模盒（lb_y）	肋梁（wb_y）
25	0.575	0.35	0.575	0.35
30	0.629	0.29	0.629	0.29
35	0.683	0.23	0.683	0.23
40	0.728	0.18	0.728	0.18
45	0.773	0.13	0.773	0.13
48.3	0.8	0.1	0.8	0.1
50	0.814	0.084	0.814	0.084

弹性模量 $E = 2.55 \times 10^4 \text{MPa}$，材料泊松比 $\mu = 0.2$，楼盖竖向均布荷载 $q = 10 \text{kN/m}^2$，分别在四边简支、四边固支和四角点支撑情况下，将按照前文所述三种拟板等效方法得到的箱型空心楼盖等效刚度带入板的弯曲微分方程，求得各控制截面（见图 4.7）弯矩和板中心挠度，与空心楼盖 ABAQUS 有限元解作对比分析，由于篇幅有限，此处综合给出有限元解的值和各拟板法与有限元的误差对比，见表 4.9。表中，$\sum M^+ = 2M_A + M_B$，$\sum M^- = 2M_C + M_D$，分别表示跨中截面总正弯矩和支座截面总负弯矩；$k_{MB} = M_B / \sum M^+$，$k_{MD} = M_D / \sum M^-$ 分别表示跨中板带正弯矩占跨中截面总正弯矩的比例和跨中板带负弯矩占支座截面总负弯矩的比例；表 4.9 中，Δ 挠度、$\Delta \sum M^+$、$\Delta \sum M^-$ 分别代表三种等效方法计算所得挠度、总正弯矩、总负弯矩与空心楼盖 ABAQUS 计算结果之间的相对误差（根据第 2

章对 ABAQUS 计算精度的验证，可以认为空心楼盖 ABAQUS 计算结果为真实值）。

表 4.9　不同条件下三种拟板方法内力及变形对比分析

$\rho/(\%)$	空心楼盖（ABAQUS 计算结果）				
	挠度/mm	$\sum M^+/(\mathrm{kN\cdot m})$	$k_{MB}/(\%)$	$\sum M^-/(\mathrm{kN\cdot m})$	$k_{MD}/(\%)$
四边简支					
25	6.35	240.88	68.87	N/A	N/A
30	6.59	240.78	68.73	N/A	N/A
35	6.83	240.98	68.59	N/A	N/A
40	7.06	241.2	68.49	N/A	N/A
45	7.31	241.48	68.41	N/A	N/A
48.3	7.47	241.52	68.36	N/A	N/A
50	7.56	241.46	68.33	N/A	N/A
四边固支					
25	2.02	79.04	92.38	-192.08	75.75
30	2.1	79.03	91.88	-193.44	75.42
35	2.2	79.26	91.22	-194.58	75.08
40	2.29	79.56	90.57	-195.52	74.72
45	2.4	80.04	89.78	-196.62	74.31
48.3	2.49	80.46	89.21	-197.36	73.98
50	2.54	80.78	88.83	-197.7	73.75
四角支撑					
25	40.51	1 032.9	44.99	N/A	N/A
30	41.73	1 033	44.82	N/A	N/A
35	42.87	1 033	44.67	N/A	N/A
40	43.86	1 033.1	44.52	N/A	N/A
45	44.88	1 032.9	44.39	N/A	N/A
48.3	45.51	1 032.8	44.33	N/A	N/A
50	45.85	1 033.1	44.28	N/A	N/A
$\rho/(\%)$	规程法				
	Δ 挠度/(%)	$\Delta\sum M^+/(\%)$	$k_{MB}/(\%)$	$\Delta\sum M^-/(\%)$	$k_{MD}/(\%)$
四边简支					
25	2.36	1.53	70.05	N/A	N/A
30	1.06	1.78	70.05	N/A	N/A
35	0.22	1.9	70.05	N/A	N/A
40	1.39	1.96	70.05	N/A	N/A
45	2.67	1.96	70.05	N/A	N/A

4 空心楼盖拟板法研究

续表

48.3	3.55	2.02	70.05	N/A	N/A
50	4.1	2.08	70.05	N/A	N/A
四边固支					
25	1.49	1.38	93.84	2.51	77.29
30	2.86	1.39	93.84	1.79	77.29
35	5	1.1	93.84	1.2	77.29
40	6.9	0.72	93.84	0.71	77.29
45	9.36	0.11	93.84	0.15	77.29
48.3	11.15	0.41	93.84	0.23	77.29
50	12.58	0.8	93.84	0.4	77.29
四角支撑					
25	0.77	2.67	43.93	N/A	N/A
30	0.12	2.31	43.93	N/A	N/A
35	0.19	1.97	43.93	N/A	N/A
40	0.41	1.65	43.93	N/A	N/A
45	0.58	1.35	43.93	N/A	N/A
48.3	0.66	1.2	43.93	N/A	N/A
50	0.68	1.13	43.93	N/A	N/A

ρ/(%)	胡肇滋法				
	Δ挠度/(%)	$\Delta \sum M^+$/(%)	k_{MB}/(%)	$\Delta \sum M^-$/(%)	k_{MD}/(%)
四边简支					
25	2.2	1.66	70.17	N/A	N/A
30	1.67	3.49	70.14	N/A	N/A
35	4.83	5.03	70.1	N/A	N/A
40	7.08	5.77	70.07	N/A	N/A
45	8.48	5.48	70.06	N/A	N/A
48.3	8.3	4.1	70.05	N/A	N/A
50	7.54	2.64	70.06	N/A	N/A
四边固支					
25	0.99	0.92	91.83	2.3	77.29
30	3.81	0.39	92.1	0.93	77.29
35	6.82	1.79	92.39	0.2	77.28
40	9.17	2.79	92.66	0.98	77.27
45	11.67	3.37	92.94	1.55	77.27
48.3	13.25	3.27	93.14	1.62	77.28
50	13.78	2.95	93.24	1.45	77.28

续表

四角支撑				
25	0.55	1.6	41.96	N/A	N/A
30	0.42	1.48	42.3	N/A	N/A
35	0.36	1.02	43.36	N/A	N/A
40	0.65	0.89	43.2	N/A	N/A
45	0.69	0.79	43.18	N/A	N/A
48.3	0.72	0.86	43.23	N/A	N/A
50	0.89	0.67	43.64	N/A	N/A

$\rho/(\%)$	谢靖中法				
	Δ 挠度$/(\%)$	$\Delta \sum M^+/(\%)$	$k_{MB}/(\%)$	$\Delta \sum M^-/(\%)$	$k_{MD}/(\%)$
四边简支					
25	1.42	1.53	70.05	N/A	N/A
30	0	1.78	70.05	N/A	N/A
35	1.17	1.9	70.05	N/A	N/A
40	2.27	1.96	70.05	N/A	N/A
45	3.56	1.96	70.05	N/A	N/A
48.3	4.28	2.02	70.05	N/A	N/A
50	4.63	2.08	70.05	N/A	N/A
四边固支					
25	2.48	1.38	93.84	2.51	77.29
30	3.81	1.39	93.84	1.79	77.29
35	5.91	1.1	93.84	1.2	77.29
40	7.86	0.72	93.84	0.71	77.29
45	10	0.11	93.84	0.15	77.29
48.3	12.05	0.41	93.84	0.23	77.29
50	12.99	0.8	93.84	0.4	77.29
四角支撑					
25	0.22	2.67	43.93	N/A	N/A
30	0.89	2.31	43.93	N/A	N/A
35	1.17	1.97	43.93	N/A	N/A
40	1.35	1.65	43.93	N/A	N/A
45	1.4	1.35	43.93	N/A	N/A
48.3	1.41	1.2	43.93	N/A	N/A
50	1.37	1.13	43.93	N/A	N/A

对于三种拟板等效方法，从表 4.9 中可以看到，无论是跨中截面总弯矩、支座截面总

弯矩，还是各板带截面间的弯矩分配比例，均与有限元解吻合良好。相较而言，胡肇滋法误差略大，规程法的计算精度优于其他等效方法。

如表 4.9 所示，不同拟板等效方法直接影响板中心挠度的计算精度，且误差较大。以四边固支、空心率为 45% 的空心楼盖为例，规程法、胡肇滋法和谢靖中法板中心挠度误差分别为 9.36%，11.67% 和 10%；当板格边界约束增强时（由四角点支撑到四边简支再到四边固支）或空心率增加时，计算误差增大（这一现象也体现在单向肋板和箱型梁算例中，详见 4.2 节），等效实心平板越来越不能反映原空心楼盖的实际挠度大小。以规程法为例，当空心率为 50% 时，在上述三种边界条件下，板中心挠度误差分别为 0.68%，4.1% 和 12.58%。

4.4　考虑剪切变形影响对空心楼盖挠度的修正

由表 4.7 的箱型空心单向肋板算例可以发现，剪切变形对实心矩形截面梁挠度的影响是很小的，不超过 0.8%，但对箱梁截面，简支和固支时剪切挠度分别占总挠度的 3.35% 和 14.08%；由表 4.9 的分析结果也可以发现类似的差异。规程法按照抗弯刚度等效的原则将箱型截面等效为高度相同的实心截面，对于求得的截面内力可以认为是准确的，但剪切变形对薄壁箱型截面和实心截面的影响是截然不同的，这是造成规程法所求挠度偏小的实质。本节先从组成箱型空心楼盖的基本单元——箱型梁入手，推导考虑剪切变形的修正方法，然后将这一方法推广到构造各向同性乃至构造各向异性的空心楼盖中，最后给出简便实用的修正方法。

4.4.1　面向箱型梁的剪切模量修正

由式（4.26）、式（4.28）及式（4.30）、式（4.32）可知，相同荷载工况下，对于具有相同抗弯刚度的箱型梁和与其等效后等高度的实心梁，弯曲挠度是一致的，为了实现等效前后沿梁长度各处剪切挠度一致，即要求

$$\frac{\eta_s}{G_s A_s} = \frac{\eta_h}{G_h A_h} \tag{4.38}$$

其中，下标 s 代表实心梁，h 代表箱型梁。

由薄壁截面的剪力流分布规律可知，上下翼缘的剪力流较小，截面绝大部分的剪力都

由腹板承担，再加上准确计算箱梁截面的剪应力分布不均匀系数 η_h（见施炳华[6]建议公式）过于复杂，为计算简化可只考虑箱梁腹板抗剪，此时，上式中箱型梁的剪应力分布不均匀系数和矩形梁的相等，即 $\eta_s = \eta_h$。因此，按抗剪刚度相等，等效矩形梁修正后剪切模量为

$$G_s = G_h \frac{A_h}{A_s} \tag{4.39}$$

式中，G_h 为材料剪切模量；A_h 为箱型截面腹板面积；A_s 为等效矩形梁面积。将式（4.39）得到的修正剪切模量代入式（4.26）、式（4.28）、式（4.30）、式（4.32）中，即可得到不同工况下按等效矩形梁计算的与之对应的箱型梁挠度。表4.10 中，"矩形梁（修正前）"一列（第3、8列）为按截面抗弯刚度相等的原则（式1.16）将箱型梁等效为等高度的实心梁以后的有限元计算值；"矩形梁（修正后）"一列（第4、9列）为按式（4.39）进行剪切模量修正的有限元计算值。由表中所列修正前后矩形梁挠度与箱型梁挠度的相对误差可见，该修正方法效果良好。

表4.10 箱型梁挠度对比

ρ (%)	简支					固支				
	挠度/mm			相对误差/（%）		挠度/mm			相对误差/（%）	
	箱梁	矩形梁（修正前）	矩形梁（修正后）	修正前	修正后	箱梁	矩形梁（修正前）	矩形梁（修正后）	修正前	修正后
(1)	(2)	(3)	(4)	(5)	(6)	(7)	(8)	(9)	(10)	(11)
25	21.89	21.77	21.88	0.55	0.05	4.5	4.394	4.506	2.35	0.13
30	22.45	22.28	22.42	0.76	0.13	4.649	4.497	4.64	3.26	0.19
35	23.06	22.82	23.01	1.04	0.22	4.819	4.605	4.797	4.45	0.46
40	23.62	23.29	23.55	1.4	0.3	4.984	4.702	4.958	5.66	0.52
45	24.24	23.79	24.17	1.86	0.29	5.187	4.803	5.175	7.4	0.23
50	24.92	24.28	24.88	2.57	0.16	5.442	4.902	5.433	9.92	0.17

4.4.2 面向箱型空心楼盖的剪切模量修正

由以上的分析，可以推断箱梁剪切模量修正方法同样适用于箱型空心楼盖，由于要对剪切模量单独修正，已无法满足 $G = E/2(1+\mu)$ 的各向同性关系，故无论空心楼盖两跨度方向是否为构造各向异性，均可统一采用正交各向异性板理论求解，由广义胡克定律：

$$
\begin{bmatrix}
1/E_1 & -\nu_{21}/E_2 & -\nu_{31}/E_3 & 0 & 0 & 0 \\
-\nu_{12}/E_1 & 1/E_2 & -\nu_{32}/E_3 & 0 & 0 & 0 \\
-\nu_{13}/E_1 & -\nu_{23}/E_2 & 1/E_3 & 0 & 0 & 0 \\
0 & 0 & 0 & 1/G_{12} & 0 & 0 \\
0 & 0 & 0 & 0 & 1/G_{13} & 0 \\
0 & 0 & 0 & 0 & 0 & 1/G_{23}
\end{bmatrix}
\begin{Bmatrix}
\sigma_{11} \\ \sigma_{22} \\ \sigma_{33} \\ \tau_{12} \\ \tau_{13} \\ \tau_{23}
\end{Bmatrix}
=
\begin{Bmatrix}
\varepsilon_{11} \\ \varepsilon_{22} \\ \varepsilon_{33} \\ \gamma_{12} \\ \gamma_{13} \\ \gamma_{23}
\end{Bmatrix}
\tag{4.40}
$$

式中，

$$
\nu_{ij}/E_i = \nu_{ji}/E_j \quad (i, j = 1, 2, 3) \tag{4.41}
$$

E_1，E_2，E_3 分别为 1，2，3 方向上的弹性模量；ν_{ij} 为应力在 i 方向上作用时 j 方向横向应变的泊松比；G_{12}，G_{13}，G_{23} 分别为 1-2，1-3，2-3 平面的剪切模量，假定等效实心板两跨度方向分别为 x，y，厚度方向为 z。

对于构造各向同性板，E_i 按式（1.16）进行计算，G_{13}，G_{23} 按式（4.39）进行剪切模量修正，其余参数保持材料的性质不变。对于构造各向异性板，E_1，E_2 按式（1.16）计算，并令 $E_3 = E_c$；联合 max（ν_{ij}，ν_{ji}）$= \nu_c$ 和式（4.41）确定泊松比 ν_{ij}；G_{13}，G_{23} 按式（4.39）进行剪切模量修正，并令 $G_{23} = G_c$。于是，等效为正交各向异性板后，其弯曲微分方程式（4.5）中各刚度系数为

$$
D_x = \frac{E_1 h^3}{12(1 - \nu_{12}\nu_{21})} \tag{4.42}
$$

$$
D_y = \frac{E_2 h^3}{12(1 - \nu_{12}\nu_{21})} \tag{4.43}
$$

$$
H = D_x \mu_{21} + \sqrt{G_{13}G_{23}}\, h^3/6 \tag{4.44}
$$

式中，h 为等效矩形板厚度。也可将经本书修正后的各向异性板参数直接用于有限元软件建模分析，比求解式（4.5）更方便。

4.4.3 基于剪切模量修正的实用挠度计算方法

对于考虑剪切变形的弹性单层均匀平板，L. H. Donnell（1945）认为：挠度 w 可分为两部分，即弯曲挠度 w_b 和剪切挠度 w_s；弯曲挠度 w_b 仍按古典平板理论计算，而剪切挠度 w_s 应满足以下两个新的方程：

$$\frac{\partial w_s}{\partial x} = \frac{\eta Q_x}{Gh}; \qquad \frac{\partial w_s}{\partial y} = \frac{\eta Q_y}{Gh} \tag{4.45}$$

式中，Q_x，Q_y 为横向剪力。杜庆华（1962）发展了 Donnell 的理论，验证了该理论的合理性，并借用 Kirchhoff 板理论来表达剪切挠度；近期的文献 [12, 13] 虽然对考虑剪切变形的 Mindlin-Reissner 板理论进行了简化和修正，但计算过程仍然复杂，不便于实际运用。因此，本书认为等效为平板后的箱型空心楼盖，其剪切挠度仍满足式（4.45），于是有

$$\left. \begin{aligned} Q_x &= \kappa_x \frac{\partial w_s}{\partial x} \\[2mm] Q_y &= \kappa_y \frac{\partial w_s}{\partial y} \end{aligned} \right\} \tag{4.46}$$

式中，系数 $\kappa_x = G_x h/\eta$，$\kappa_y = G_y h/\eta$。注意，G_x，G_y 为经式(4.39)修正后的剪切模量；q 为横向荷载；η 为矩形截面剪应力分布不均匀系数。由弹性板壳理论并忽略板内薄膜效应，有

$$\partial Q_x / \partial x + \partial Q_y / \partial y = -q$$

即

$$\kappa_x \frac{\partial^2 w_s}{\partial x^2} + \kappa_y \frac{\partial^2 w_s}{\partial y^2} = -q \tag{4.47}$$

式（4.47）可根据不同边界条件作进一步简化。例如，对于简支和固支边界，w_s 可采用三角级数的 Levy 解表达，并令 $x = L_x/2$，$y = L_y/2$，可计算板中点挠度：

$$w_s = \frac{4qL_x^2}{\pi^3 \kappa_x} \sum_{m=1,3,5\cdots} \frac{1}{m^3} \left(1 - \frac{1}{\cosh(m\pi\sqrt{\kappa_x/\kappa_y}\, L_y/2L_x)} \right) \sin \frac{m\pi}{2} \tag{4.48}$$

式（4.48）由于收敛很快，取前两项足以满足精度要求，即

$$w_s = \frac{4qL_x^2}{\pi^3 \kappa_x} \left[\frac{26}{27} + \frac{1}{27\cosh(3\pi\sqrt{\kappa_x/\kappa_y}\, L_y/2L_x)} - \frac{1}{\cosh(\pi\sqrt{\kappa_x/\kappa_y}\, L_y/2L_x)} \right] \tag{4.49}$$

特别地，对于构造各向同性方板：

$$w_s = \frac{2.26qL_x^2}{\pi^3 \kappa_x} \tag{4.50}$$

该方法在不改变原弹性平板理论的同时，较方便地考虑了剪切变形的影响，也方便对采用弹性板壳理论求得的挠度进行修正。

4.5 算例验证

4.5.1 构造各向同性板算例

为了考虑箱型空心楼盖的剪切变形，本小节分别按照第 4.4.2 小节提出的基于各向异性板理论的修正剪切模量方法（简称"修正模量法"，下同）和第 4.4.3 小节提出的简化剪切挠度计算方法（简称"简化法"，下同）重新计算了表 4.9 中挠度误差较大的算例，其结果见表 4.11。从表中可以发现，两种修正计算方法效果良好。

表 4.11 考虑剪切变形的挠度分析——各向同性板

ρ/(%)	空心楼盖挠度/mm	相对误差/(%)		
		规程法	简化法	修正模量法
四边简支				
35	6.83	0.22	0.11	0
40	7.06	1.39	0.32	0.43
45	7.31	2.67	0.43	0.08
48.3	7.47	3.55	0.49	0.7
50	7.56	4.1	0.54	0.96
四边固支				
35	2.2	5	0.62	0.59
40	2.29	6.9	1.6	1.18
45	2.4	9.36	1.72	1.04
48.3	2.49	11.15	2.01	0.04
50	2.54	12.58	1.97	0.83

4.5.2 复杂边界条件下多板格算例

为了进一步验证本书提出方法对多板格和复杂边界条件的适用性，拼接两块空心率为 50% 的箱型空心楼盖为一板格边比为 1∶2 的整体空心楼盖（9.4m×18.8m），模型几何参数详见 4.3.2 小节及表 4.8，边界条件如图 4.8 所示。

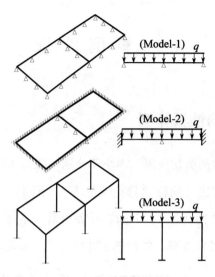

图4.8　组合板格示意图

Model-1：整体板格四周简支，跨中简支；

Model-2：整体板格四周固支，跨中简支；

Model-3：整体板格四角点及长边中点柱支撑（柱截面0.5m×0.5m，柱高3m），此时，将板格周边肋梁相应向外加宽0.25m以协调柱截面，边梁截面0.5m×0.6m。

多板格复杂边界情况下解析解无法求得或过于复杂，此时分别用ABAQUS实体单元建立空心楼盖模型，按规程刚度等效的实心平板模型和按4.4节提出的各向异性板等效实心板模型，对比板格最大挠度，见表4.12。

表4.12　考虑剪切变形的挠度分析——多板格复杂边界条件

模型	挠度/mm			相对误差/(%)	
	空心楼盖	规程法	修正模量法	规程法	修正模量法
Model-1	5.41	5.123	5.426	5.3	0.3
Model-2	2.548	2.296	2.572	9.89	0.94
Model-3	11.16	10.43	11.04	6.54	1.08

4.5.3　构造各向异性板算例

本书以上算例均为构造各向同性板，即板格两跨度方向箱型内模尺寸及内模间肋梁宽度相同，当内模尺寸或（和）内模间距在两跨度方向不等时，为构造各向异性板。为进一步验证本书提出方法对构造各向异性板的适用性,现建立单板格构造各向异性板,其中 $L_x = L_y = 9.4\text{m}$, $n_x = 5$, $n_y = 10$, $lb_x = 1.7\text{m}$, $wb_x = 0.1\text{m}$, $lb_y = 0.8\text{m}$, $wb_y = 0.1\text{m}$, $ts = bs = 0.05\text{m}$, $hb = 0.2\text{m}$,材料参数及荷载同 4.3.2 小节,板格周边肋梁宽度均为 0.25m,四边固支。计算结果见表 4.13。

表 4.13 考虑剪切变形的挠度分析——各向异性板

分析方法	挠度/mm	相对误差/(%)
空心楼盖有限元模拟	2.809	N/A
规程法等效各向异性板法	2.308	17.84
简化法(式 4.49)计算剪切附加挠度	0.43	N/A
规程法挠度经式(4.49)修正后	2.738	2.53
修正模量法(式 4.39)	2.675	4.77

如表 4.13 所示,对于构造各向异性板,当采用规程建议的等效各向异性板的简化方法时,由于没有考虑空心楼盖的剪切变形,造成挠度误差达到 17.84%。采用本书建议的挠度修正方法(式 4.49)进行修正后,挠度相对误差减小到 2.53%,挠度计算精度得到大幅度提高。对于构造各向异性板,修正模量法也有较好的计算精度。

4.5.4 试验试件实测挠度验证

为了验证本书基于"剪切刚度相等"提出的剪切模量取用方法的准确性,针对第 2 章所述的集中荷载作用下简支有机玻璃箱梁试件(试件实测截面尺寸及试验荷载见表 2.1)作对比分析。根据式(1.16)可算得与箱梁截面高度、宽度一致的实心梁弹性模量,由式(4.39)可得到用于计算剪切挠度的等效剪切模量,两种方法计算所得的等效材料参数列于表 4.14。分别将规范所求材料参数及本章建议的修正剪切模量代入简支梁剪切挠度表达式式(4.30),可得到按不同方法所得的剪切挠度值,连同弯曲挠度值,最终得到简支梁总挠度。将弯曲挠度、不同方法计算所得剪切挠度、总挠度以及与试验值的相对误差列于表 4.15。

如表 4.15 所示,由于规范等效方法没有考虑薄壁空心截面与实心截面剪切变形的不同,造成了计算挠度值误差较大;当采用本章建议的修正剪切模量时,计算所得挠度具有很好的计算精度,说明本章建议方法是可行的。

表 4.14　材料性质参数值　　　　　　　　　　　（单位：MPa）

梁编号	弹性模量 E	剪切模量 G	规范等效 E	规范等效 G	本书 G
1	2 948.312	1 080.760	888.335	325.640	59.751
2			1 406.119	515.440	58.062

表 4.15　简支梁挠度计算值　　　　　　　　　　（单位：mm）

梁编号	弯曲挠度	剪切挠度		总挠度		相对误差/(%)	
		规范值	本书方法	规范值	本书方法	规范值	本书方法
(1)	(2)	(3)	(4)	(5)	(6)	(7)	(8)
1	4.783	0.038 9	0.212	4.783	4.995	3.561	0.1
	4.767	0.048 2	0.262	4.767	5.029	3.696	0.58
	4.680	0.064 4	0.351	4.68	5.031	5.112	0.62
	4.498	0.089 1	0.486	4.498	4.984	8.258	0.32
2	4.610	0.047 0	0.417	4.61	5.027	6.861	0.54

4.6　本 章 小 结

　　综上所述，根据 Timoshenko 梁剪切理论和模型试验数值模拟，本章分析了剪切变形对空心楼盖箱型构件挠度的影响；利用板壳理论对比了不同边界条件下多种拟板方法的计算精度；提出了等效实心平板剪切模量的取用方法和实用的考虑剪切变形挠度的修正手段，最后用数值算例和试验实测结果验证了本书提出的修正方法，得到了如下主要结论：

　　(1) 剪切变形对空心楼盖的影响远大于实心楼盖。

　　(2) 规程法能够较为方便、准确地计算结构内力，但不能准确计算楼盖挠度，当板格边界约束较强（板支撑于墙或梁）、空心率较大或为构造各向异性板时，剪切变形对挠度的影响不能忽略。

　　(3) 本章提出的基于各向异性板理论的剪切模量修正方法（见式（4.39））能较好地同时计算箱型空心楼盖内力及变形，尤其方便在有限元中使用，可以兼顾建模效率和计算精度。

　　(4) 本章提出的空心楼盖剪切挠度简化计算方法（见式（4.39））能较好地单独计算盒状腔体空心楼盖剪切变形，便于对已有挠度进行修正。

参 考 文 献

[1] 装配箱混凝土空心楼盖结构技术规程：JGJ/T207—2010 [S]. 北京：中国建筑工业出版社, 2010.

[2] 现浇混凝土空心楼盖技术规程：JGJ/T268—2012 [S]. 北京：中国建筑工业出版社, 2012.

[3] 广东省现浇混凝土空心楼盖结构技术规程：DBJ 15—95—2013 [S]. 北京：中国建筑工业出版社, 2013.

[4] 张福范. 弹性薄板 [M]. 北京：科学出版社, 1984.

[5] TIMOSHENKO S, WOINOWSKY-KRIEGER S. Theory of plates and shells [M]. 2th ed. New York：McGraw-hill, 1976.

[6] 施炳华. 常用截面剪应力分布不均匀系数的计算公式 [J]. 建筑结构学报, 1984, 2：66-70.

[7] 胡肇滋, 钱寅泉. 正交构造异性板刚度计算的探讨 [J]. 土木工程学报, 1987, 20 (4)：49-61.

[8] 谢靖中. 现浇空心板宏观基本本构关系 [J]. 土木工程学报, 2006, 39 (7)：57-62.

[9] XIE J Z. Macroscopic Elastic Constitutive Relationship of Cast-in-Place Hollow-Core Slabs [J]. Journal of structural engineering, 2009, 135 (9)：1040-1047.

[10] Building Code Requirements for Structural Concrete and Commentary：ACI 318-14 [S]. [S. l. : s. n.], 2014.

[11] 周玉, 韩小雷, 季静. 宽扁梁楼盖结构计算方法 [J]. 华南理工大学学报 (自然科学版), 2004, 32 (4)：78-81.

[12] SHIMPI R P, PATEL H G, ARYA H. New first-order shear deformation plate theories [J]. Journal of applied mechanics, 2007, 74 (3)：523-533.

[13] WANG C M, LIM G T, REDDY J N, et al. Relationships between bending solutions of Reissner and Mindlin plate theories [J]. Engineering structures, 2001, 23 (7)：838-849.

5 空心楼盖拟梁法研究

空心楼盖技术规程[1-3]中拟梁法的计算方法和研究现状已在 1.2.4 小节详细阐述。正如前文所述，尽管学者们都认为扭转刚度如何在等效后的梁系中考虑是拟梁方法需要解决的重点问题，空心楼盖技术规程也提到"计算中宜考虑空心楼板扭转刚度的影响"，但至今还没有专门针对现浇混凝土空心楼盖拟梁法扭转刚度的系统分析。如何考虑梁系区别于薄壁截面的扭转刚度，如何在拟梁方法中考虑这种差异为本章的主题。

本章首先简要回顾弹性梁单元及薄壁杆件自由扭转的相关理论，其次对比不同边界条件下不同拟梁等效方法的思路和计算精度，接着基于多箱室扭转理论提出梁系扭转刚度的修正手段，最后用 3 种支撑情况下的空心楼盖算例验证本书提出的拟梁方法修正手段的有效性。

5.1 空心楼盖扭转特性分析及假定

理论上，自由扭转仅针对构件两端完全自由、构件截面形状及厚度不变且外扭矩作用于构件端部的特定情况，其余情况皆属于约束扭转（也叫翘曲扭转）。实际工程中，可将研究对象根据具体情况划分为纯扭转、翘曲扭转及组合扭转三类。文献 [4] 建议通过计算扭转特性参数 x 进行扭转特性分类，以此来衡量构件承受扭转荷载作用时到底是纯扭转还是翘曲扭转，亦或是必须考虑纯扭转和翘曲扭转的共同作用。

$$x = \sqrt{\frac{GJl^2}{EJ_w}} = \lambda l \qquad (5.1)$$

式中，参数 x 取决于构件断面的扭转几何特征 λ 与杆长 l 的乘积；GJ 为纯扭转刚度；EJ_w 为翘曲刚度。

对于盒状腔体空心楼盖，可取如图 4.4 所示的箱梁单元进行扭转特性分析。以断面宽度（亦即空心楼盖肋梁间距）为 0.8m，高度为 0.3m，壁厚为 0.05m 的箱梁为例，此时，

其主扇性惯性矩 J_w（按文献［5］3.2 节公式计算）为 $2.72 \times 10^{-5} \mathrm{m}^6$，自由扭转惯性矩 J（按式 5.8 计算）为 $5.24 \times 10^{-3} \mathrm{m}^4$，以两倍空心楼盖肋间距 1.6m 作为箱梁跨度，此时，参数 x 经计算等于 14.31。文献［4］建议当 $x \geqslant 5$ 时，应为纯扭转控制，并且还总结了结构的扭转特性分类，认为由钢桥面板（当采用开口纵肋时）构成的开口式桥梁断面可以只按翘曲扭转进行分析；由钢筋混凝土桥面板构成的开口式结合梁按翘曲扭转分析时必须对它进行一些修正，属于翘曲扭转控制类；结构上各种轧制型钢以及钢筋混凝土板式桥属于组合扭转类；所有实体断面以及中空的断面（如方钢管、焊接薄壁钢管与钢筋混凝土箱型梁）均可按纯扭转控制或纯扭转情况进行处理。综合文献［4］的扭转特性判定计算结果以及对扭转特性分类的建议，本书在后续分析中，不考虑空心楼盖截面翘曲影响，对拟梁扭转刚度推导时均采用自由扭转的相关理论。

5.2　弹性梁单元及薄壁杆件自由扭转的相关理论

如图 5.1 所示，空间梁系结构每个节点有 6 个自由度。

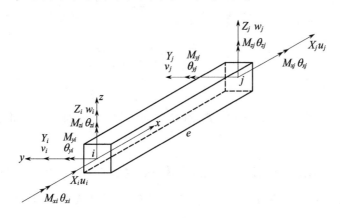

图 5.1　空间梁单元及坐标系

局部坐标系下梁端位移列阵 $\boldsymbol{\delta}^e$ 和梁端力列阵 $\boldsymbol{F}^e$ 分别为

$$\left.\begin{array}{l} \boldsymbol{\delta}^e = \begin{bmatrix} u_i & v_i & w_i & \theta_{xi} & \theta_{yi} & \theta_{zi} & u_j & v_j & w_j & \theta_{xj} & \theta_{yj} & \theta_{zj} \end{bmatrix}^{\mathrm{T}} \\ \boldsymbol{F}^e = \begin{bmatrix} X_i & Y_i & Z_i & M_{xi} & M_{yi} & M_{zi} & X_j & Y_j & Z_j & M_{xj} & M_{yj} & M_{zj} \end{bmatrix}^{\mathrm{T}} \end{array}\right\} \quad (5.2)$$

式中，u 为轴向位移；v 和 w 为横向位移；θ_x 为梁端扭转角；θ_y 和 θ_z 分别为绕 y 轴和 z 轴弯曲时的转角；X 为梁单元的轴力；Y 和 Z 分别为沿 y 轴和 z 轴作用的剪力；M_x，M_y，M_z 分

别为作用在杆端的力偶矩。根据结构力学容易求解空间梁单元刚度矩阵

$$
k^e = \begin{Bmatrix}
\dfrac{EA}{l} & & & & & & & & & & & \\[2mm]
0 & \dfrac{12EI_z}{l^3(1+\varphi_y)} & & & & & & & & & & \\[2mm]
0 & 0 & \dfrac{12EI_y}{l^3(1+\varphi_z)} & & & & \text{对} & & & & & \\[2mm]
0 & 0 & 0 & \dfrac{GJ}{l} & & & & & & & & \\[2mm]
0 & 0 & \dfrac{-6EI_y}{l^2(1+\varphi_z)} & 0 & \dfrac{(4+\varphi_z)EI_y}{l(1+\varphi_z)} & & & & & & & \\[2mm]
0 & \dfrac{6EI_z}{l^2(1+\varphi_y)} & 0 & 0 & 0 & \dfrac{(4+\varphi_y)EI_z}{l(1+\varphi_y)} & & & & \text{称} & & \\[2mm]
-\dfrac{EA}{l} & 0 & 0 & 0 & 0 & 0 & \dfrac{EA}{l} & & & & & \\[2mm]
0 & \dfrac{12EI_z}{l^3(1+\varphi_y)} & 0 & 0 & 0 & \dfrac{6EI_z}{l^2(1+\varphi_y)} & 0 & \dfrac{12EI_z}{l^3(1+\varphi_z)} & & & & \\[2mm]
0 & 0 & \dfrac{-12EI_y}{l^3(1+\varphi_z)} & 0 & \dfrac{-6EI_y}{l^2(1+\varphi_z)} & 0 & 0 & 0 & \dfrac{12EI_y}{l^3(1+\varphi_z)} & & & \\[2mm]
0 & 0 & 0 & -\dfrac{GJ}{l} & 0 & 0 & 0 & 0 & 0 & \dfrac{GJ}{l} & & \\[2mm]
0 & 0 & \dfrac{-6EI_y}{l^2(1+\varphi_z)} & 0 & \dfrac{EI_y(2-\varphi_z)}{l(1+\varphi_z)} & 0 & 0 & 0 & \dfrac{6EI_y}{l^2(1+\varphi_z)} & 0 & \dfrac{(4+\varphi_z)EI_y}{l(1+\varphi_z)} & \\[2mm]
0 & \dfrac{6EI_z}{l^2(1+\varphi_y)} & 0 & 0 & 0 & \dfrac{EI_z(2-\varphi_y)}{l(1+\varphi_y)} & 0 & \dfrac{-6EI_z}{l^2(1+\varphi_y)} & 0 & 0 & 0 & \dfrac{(4+\varphi_y)EI_z}{l(1+\varphi_y)}
\end{Bmatrix}
$$

$$(5.3)$$

式中，$\varphi_y = 12\eta_y EI_z/(GAl^2)$；$\varphi_z = 12\eta_z EI_y/(GAl^2)$；$\eta_y$，$\eta_z$ 分别为梁截面沿 y 轴和 z 轴的剪应力不均匀系数。

如图 5.2（a）所示薄壁筒体，截取微元体 dsdz（ABCD），s 为截面轮廓线的曲线坐标（以逆时针方向为正），t 为薄壁厚度。当 t 足够小时，可以认为截面剪应力 τ 沿厚度均匀分布，在微元体的四个侧面上作用的力如图 5.2（b）所示。分别由沿 s 和 z 方向的力的平衡可以得到

$$\partial(\tau t)/\partial s = \partial(\tau t)/\partial z = 0$$

这意味着无论横截面的位置 z 和纵截面位置 s 如何，τt 为一定值，取 $q = \tau t$ 为扭转剪力流，因此，筒体横截面上的各点剪力流 q 的大小为定值。

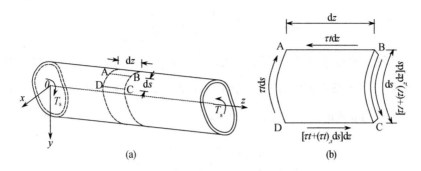

图5.2 薄壁筒体及其微元体作用力

如图5.3所示，任意薄壁杆件截面上作用有扭矩 T_s，设扭转中心在点 O 上，由平衡条件 $\sum M_z = 0$，有

$$T_s = \oint \tau(s)t(s)\rho(s)\,\mathrm{d}s \tag{5.4}$$

式中，$\rho(s)$ 为扭转中心 O 到轮廓线上任一点 M 的切线的垂直距离；将 $q = \tau t$ 代入式(5.4)，并注意到 $\rho(s)\,\mathrm{d}s$ 为图5.3中阴影部分微扇形面积的两倍，于是式(5.4)可以改写为

$$T_s = q\oint \rho(s)\,\mathrm{d}s = 2qA \tag{5.5}$$

式中，A 为闭合截面外轮廓线所围的面积，也有 $q = T_s/2A$，说明剪力流 q 的大小可以由扭矩 T_s 求得。

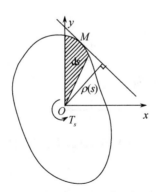

图5.3 薄壁杆件扭转截面图

令 $u(s)$ 为纵向翘曲函数，$\theta(z)$ 为任意截面的扭转角，根据文献［5］的论述，当选定曲线坐标 s 的起算点（在该点 $s = 0$）后，有

$$u = u_0(z) + \frac{T_s}{2GA} \int_0^s \frac{\mathrm{d}s}{t} - \theta'(z) \int_0^s \rho(s)\, \mathrm{d}s \qquad (5.6)$$

式中，$u_0(z)$ 为任意积分函数，其物理意义表示在截面 z 上 $s = 0$ 处的纵向位移；当曲线坐标 s 由 $s = 0$ 的起点出发，绕逆时针方向又回到 $s = 0$ 点时，闭口截面在 $s = 0$ 处的位移应当连续，即式（5.6）左边 $u = u_0(z)$，消去 $u_0(z)$ 以后，有

$$\theta'(z) = \frac{T_s}{4GA^2} \oint \frac{\mathrm{d}s}{t} \qquad (5.7)$$

若引入扭转惯性矩 J，并令

$$J = \frac{4A^2}{\oint \dfrac{\mathrm{d}s}{t}} \qquad (5.8)$$

则扭率 $\theta'(z) = T_s/(GJ)$，注意到 J 的值仅和截面形状有关，GJ 也称为扭转刚度。

对于多箱室闭合截面，由于剪力流是超静定的，不能像单箱室截面利用 $q = T_s/(2A)$ 求算，必须考虑变形条件才能求解。多箱室闭合截面在自由扭转情况下，截面上作用的外扭矩 T_s 和超静定剪力流 q_i（$i = 1, 2, 3, \cdots, n$）如图 5.4 所示。某一个箱室独有的边界壁为非相关壁（如除 DE，EB 的其他壁）；两个箱室共享的壁为相关壁（如 DE，EB）。第 i 室非相关壁和相关壁上的剪力流均可用超静定剪力流表示：对于相关壁，$q_{i,j} = q_i - q_j$；对于非相关壁，$q_{i,j} = q_i$，若 $q_{i,j}$ 为正，则表示其与 q_i 方向相同，反之则与 q_j 方向相同。

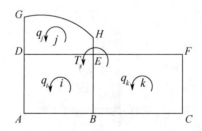

图 5.4　多箱室闭合截面薄壁杆件自由扭转

为了求得循环剪力流，须建立变形协调方程。根据闭合截面上同一点的位移变化量为零，由式（5.6）有

$$\sum_i q_{i,j} \int_{i,j} \frac{\mathrm{d}s}{Gt} = 2A_i\theta' \quad (i = 1, 2, 3, \cdots, n) \qquad (5.9)$$

式中，A_i 为 i 室壁厚中心线所围成的面积。由超静定剪力流的定义，式（5.9）可进一步分解为

$$q_i \oint_i \frac{\mathrm{d}s}{t} - \sum_i^j q_j \int_{i,\,j} \frac{\mathrm{d}s}{t} = 2GA_i\theta' \quad (i = 1,\ 2,\ 3,\ \cdots,\ n) \tag{5.10}$$

式（5.10）为关于未知量 q_i 的 n 元一次联立方程，n 为箱室数目。若将 q_i 写作另一种形式：$\bar{q}_i = q_i/G\theta'$，其中 $\bar{q}_i$ 称为剪力流函数，则式（5.10）可等价为

$$\bar{q}_i \oint_i \frac{\mathrm{d}s}{t} - \sum_i^j \bar{q}_j \int_{i,\,j} \frac{\mathrm{d}s}{t} = 2A_i \quad (i = 1,\ 2,\ 3,\ \cdots,\ n) \tag{5.11}$$

当截面的形状、尺寸和材料已知时，$\bar{q}_i$ 的所有系数以及右边的常数项均可求得，式（5.11）可解。将式（5.11）写成矩阵的形式：

$$C\bar{q} = 2A \tag{5.12}$$

其中，

$$c_{ij} = c_{ji} = \begin{cases} \oint_i \dfrac{\mathrm{d}s}{t} & (i = j) \\[2mm] -\displaystyle\int_{i,\,j} \dfrac{\mathrm{d}s}{t} & (i \neq j) \end{cases} \tag{5.13}$$

根据合力矩定理，可以建立扭矩 T_s 与各箱室超静定剪力流 q_i 之间的关系，即各箱室剪力流 q_i 对扭转中心 O 所产生的力矩应与外扭矩平衡（单箱室如式（5.5）所示），有 $T_s = 2\sum q_i A_i$，联合 $\bar{q}_i = q_i/G\theta'$，有 $T_s = 2G\theta' \sum \bar{q}_i A_i$，一般也可以写作 $T_s = GJ\theta'$，其中 $J = 2\sum \bar{q}_i A_i$，θ' 为扭转率。根据式（5.12）求出 $\bar{q}_i$ 后可方便完成对扭转惯性矩 J、剪力流 q_i 的计算。

5.3　抗扭刚度对拟梁法的影响

为了说明扭转刚度对拟梁法的影响，此处先从一个简单的例子出发，如图 5.5（a）所示。空间构件由主杆和侧杆组成（$E = 2.55 \times 10^4$ MPa，$\mu = 0.2$，$I_{xx} = I_{yy} = 5.208\,3 \times 10^{-3}$ m^4，$I_{xy} = 0$），长度均为 2m，端部均为固支，主杆悬臂端端作用有集中力 $F = 1\,000$N。对侧杆的抗扭刚度 J 分别取三种值进行计算：$J = 1 \times 10^{-5}$，$J = 8.75 \times 10^{-3}$，$J = 1 \times 10^5$（分别代表柔杆、正常取值、刚杆），取主杆和侧杆交点区域为脱离体（见图 5.5（b），其中 $D = 0.02$m），计算结果分别为（内力方向分别如图 5.5（c）（d）（e）所示，截面剪力 Q 和弯矩 M 的单位分别为 N，N·m）：

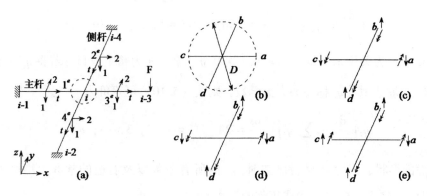

图5.5 扭转刚度对截面力分配的影响

侧杆为柔杆：$Q_a = 1\ 000$，$Q_b = 996.662$，$Q_c = 933.324$，$Q_d = 966.662$，$M_a = 980$，$M_b = 0.374\ 844$，$M_c = 980.584$，$M_d = 0.374\ 844$；

侧杆抗扭刚度正常取值：$Q_a = 1\ 000$，$Q_b = 715.543$，$Q_c = 430.686$，$Q_d = 715.343$，$M_a = 980$，$M_b = 229.424$，$M_c = 532.538$，$M_d = 229.424$；

侧杆为刚杆：$Q_a = 1\ 000$，$Q_b = 333.334$，$Q_c = 333.331$，$Q_d = 333.334$，$M_a = 980$，$M_b = 583.332$，$M_c = 159.998$，$M_d = 583.332$。

从上面的分析可以发现，当侧杆由柔杆变为刚杆时，主杆和侧杆的内力大小及方向受侧杆抗扭刚度影响显著。这些变化本质上可以从杆件有限元的角度进行解释。

如图5.5（a）所示，存在4个单元 1^e、2^e、3^e、4^e，5个节点 i、$i-1$、$i-2$、$i-3$、$i-4$，4个单元相交于 i 节点。每个单元内1、2、t 分别为局部坐标系，单刚矩阵如式（5.3）所示。当局部坐标系下各单元刚度矩阵组合成整体坐标系下的总刚矩阵时，总刚中 $k_{12i-8,12i-8}$ 元素表示仅当 i 点发生绕 x 轴的单位转角时引起的力。此时，对于单元 1^e 来说，这个力为式（5.3）中抗扭引起的力 $k^e_{10,10}$；对于单元 2^e 来说，这个力为式（5.3）中抗弯引起的力 $k^e_{11,11}$；对于单元 3^e 来说，这个力为式（5.3）中抗扭引起的力 $k^e_{4,4}$；对于单元 4^e 来说，这个力为式（5.3）中抗弯引起的力 $k^e_{5,5}$。相似地，总刚中 $k_{12i-7,12i-7}$ 元素表示仅当 i 点发生绕 y 轴的单位转角时引起的力。此时，对于单元 1^e 来说，这个力为式（5.3）中抗弯引起的力 $k^e_{11,11}$；对于单元 2^e 来说，这个力为式（5.3）中抗扭引起的力 $-k^e_{10,10}$；对于单元 3^e 来说，这个力为式（5.3）中抗弯引起的力 $k^e_{5,5}$；对于单元 4^e 来说，这个力为式（5.3）中抗扭引起的力 $-k^e_{4,4}$。用公式可表示为

$$k_{12i-8,\ 12i-8} = k^{e1}_{10,\ 10} + k^{e2}_{11,\ 11} + k^{e3}_{4,\ 4} + k^{e4}_{5,\ 5} \tag{5.14}$$

$$k_{12i-7,\ 12i-7} = k_{11,\ 11}^{e1} - k_{10,\ 10}^{e2} + k_{5,\ 5}^{e3} - k_{4,\ 4}^{e4} \tag{5.15}$$

鉴于拟梁等效以后，杆件弯曲变形能力要受到与其正交杆的抗扭刚度的影响，自身的抗扭刚度也会影响与其正交杆的弯曲变形，因此，合理地确定拟梁的抗扭刚度显得尤其重要。

此处，先以一个单板格空心楼盖算例说明现有拟梁法存在的问题。空心楼盖几何参数（可参见图5.6（a））为：边梁宽度等于柱宽 $wis_1 = wis_2 = wc_1 = wc_2 = 0.5$m，柱高3m，肋宽 $wb_1 = wb_2 = 0.1$m，内模宽度 $lb_1 = lb_2 = 0.8$m，内模高度 $hb = 0.2$m，顶底板厚度 $bs = ts = 0.05$m，跨度 $l_1 = l_2 = 9.4$m，空心率 $\rho = 45.82\%$；材料参数为：$E = 2.55 \times 10^4$MPa，$\mu = 0.2$；内力控制截面分为边截面 bs（boundary section）和跨中截面 ms（middle span section），各控制截面根据肋和边梁的位置进行了进一步划分（详见图5.6（a））；空心楼盖模型及拟梁等效以后的模型如图5.6(b)(c)所示。

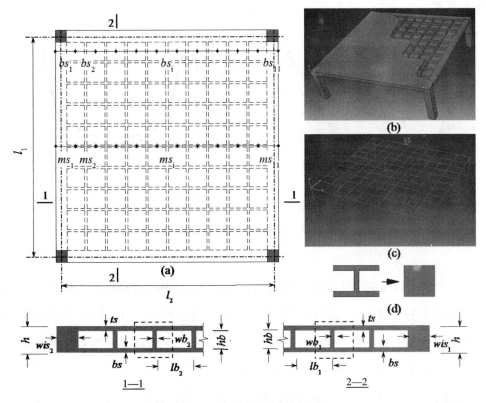

图5.6 空心楼盖拟梁法模型

拟梁等效方法如前所述，可参见1.2.4小节。需要说明的是，内部拟梁的位置与原空心楼盖内部肋梁位置一致，外部等效后边梁位置与柱轴线位置一致。为了尽量准确地模拟等效前的空心楼盖，拟梁等效时，将板柱节点核心区处理为刚域，本书采用的方法是将核心区内的梁、柱单元的弹性模量设为一个较大值，泊松比设为一个较小值。原空心楼盖施加的是面荷载，等效为交叉梁系后，将面荷载等效为作用在梁系交点上的集中力，集中力的大小为交点从属面积与面荷载的乘积。实体单元模型及梁单元模型建模方法、技巧及精度已在第 2 章中详细讨论。此处，采用 ABAQUS 自带的常规截面（general section）定义梁截面性质，定义时，需要输入的参数包括梁截面面积 A，绕主轴的抗弯惯性矩 I_{11}，I_{22}，主轴面内的惯性矩 I_{12}，抗扭惯性矩 J。

bs 及 ms 控制截面上的弯矩对比如图 5.7 所示。图中，"矩形等效"为按照规范建议的方法（即，将空心楼盖截面依据抗弯刚度相等的原则等效为高度相等的矩形梁，如图 5.6（d）所示，亦可参见 1.2.4 小节）计算的结果；"工型等效"为以直接切割空心楼盖得到的工字型截面（见图 5.6）建立交叉梁系模型计算的结果；"实际值"为采用实体单元模型的计算结果。

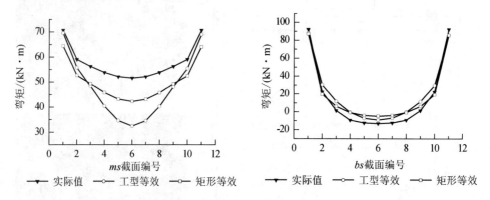

图 5.7　单板格柱支撑规范拟梁法

从图 5.7 中可以发现，边截面（bs 截面）由于靠近柱轴线受到柱子的约束，不同拟梁方法获得的弯矩分布总体上比跨中截面（ms 截面）更接近实际值。尽管通过矩形等效处理以后的跨中截面，其计算结果比用不经过任何处理的工字型截面总体上有明显改善，但计算误差仍然较大，个别梁截面相对误差达 18.11%。

由空间梁的单元刚度矩阵（式 5.3）可以看到，梁截面的计算参数主要有截面面积 A 两个方向的惯性矩 I_y，I_z 和截面的抗扭惯性矩 J。由于在进行矩形等效时，其绕主弯轴的抗弯刚度是相等的，而对梁单元来说，截面面积主要对轴向变形及与其正交梁弱轴方向的剪切变形有影响，因此，工型等效与矩形等效计算差异的主要原因是由其截面抗扭惯性矩 J 的不同造成的。

工字型截面为开口截面，其截面抗扭惯性矩 J 是很小的，而将其等效为矩形截面后，J 将增大。矩形截面的扭转惯性矩 J 按下式计算：

$$J = b^3 h k_J \qquad (5.16-1)$$

$$k_J = \frac{1}{3}\left(1 - \frac{192}{\pi^3}\frac{b}{h}\sum_{n=1,3,5\cdots}^{\infty}\frac{1}{n^5}\tanh\left(\frac{n\pi h}{2b}\right)\right) \qquad (5.16-2)$$

式中，b，h 分别为矩形截面宽度和高度。工字型截面抗扭惯性矩 J 按下式计算：

$$J = \frac{1}{3}\sum b_i t_i^3 \qquad (5.17)$$

式中，b_i，t_i 分别为工字型截面窄长矩形块体的边长和厚度。

按照式（5.16）及式（5.17）分别计算得到本算例中等效矩形截面和工字型截面的抗扭惯性矩为 0.004 268m⁴，0.000 141 67 m⁴，前者是后者的 30 倍。故造成等效矩形截面和工字型截面计算结果相差较大的原因是这两种截面扭转刚度 GJ 的差别，或者说是截面的抗扭惯性矩 J 的差别。但矩形截面的扭转常数对于拟梁模型来说仍是不够的，对空心楼盖拟梁法中梁截面抗扭惯性矩 J 的取法将在下一节中作深入研究。

5.4 基于多箱室扭转理论的扭转刚度修正

拟梁法的第一步是将整体空心楼盖离散化，将其转化为纵横交错的梁系，然后用这些梁来模拟原结构的受力。但在拟梁过程中分割了楼板，使结构的整体性遭到破坏。本节以加强等效矩形梁的截面抗扭惯性矩 J 的方法来考虑拟梁法中楼盖的整体性。

拟梁法将原来的空心板分割，导致原结构整体性遭到的破坏可以用如图 5.8 所示的简单模型来理解。原结构中的剪力流应为如图 5.8（a）所示，而沿模盒的中心线将空心楼盖分割成工字型截面的剪力流为如图 5.8（b）所示，相当于将原结构中的剪力流切断了。工字型截面中的剪力流形成的扭矩相对于图 5.8（a）来说是很小的，由此可知，若截面抗扭惯性矩取工字型截面计算，则会造成对原结构整体效应的估计偏低。

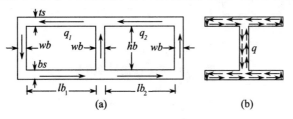

图 5.8 剪力流示意图

为了求得拟梁等效矩形截面合理的抗扭惯性矩 J，以弥补分割过程中对楼盖整体性的破坏，假定在其中任一肋梁交点处施加如图 5.9（a）所示的弯矩 M，引起楼盖的变形模式可能有两种，分别如图 5.9（b）及 5.9（c）所代表的全局变形和局部变形。下面，设计一个多工况时不同边界条件下的算例，来说明楼盖真实的变形模式。

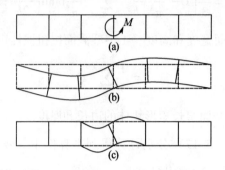

图 5.9　空心楼盖截面的扭转模式

如图 5.10 所示为一空心楼盖模型，几何参数为柱高 $H = 3\text{m}$，肋宽 $wb = 0.1\text{m}$，内模宽度 $lb = 0.8\text{m}$，内模高度 $hb = 0.2\text{m}$，顶底板厚度 $bs = ts = 0.05\text{m}$，总厚度 $h = 0.3\text{m}$，楼盖边长 $l_x = l_y = 3.7\text{m}$；材料参数为 $E = 2.55 \times 10^4 \text{MPa}$，$\mu = 0.2$；柱端集中作用力 $F = 10\text{kN}$。图中，"1，2，3"为控制截面位置编号；"a，a'，b，b'，c，c'"为截面宽度控制线。通过控制截面位置编号及截面宽度控制线可以确定任一宽度的截面。不同边界条件时，各控制截面扭矩值如图 5.11 所示，其中，（a）为四边固支，（b）为四边简支，（c）为四角点支撑。图中，横坐标"$a\text{-}a'$，$b\text{-}b'$，$c\text{-}c'$，ALL"为截面宽度代号，如 $a\text{-}a'$ 截面表示由图 5.10 中 a 轴至 a' 轴所夹的截面宽度，ALL 表示任一控制截面位置处的全截面。

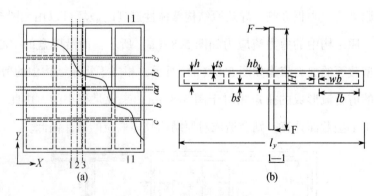

图 5.10　空心楼盖扭转模型

从图5.11中可以看出，无论边界条件如何，当空心楼盖肋梁交点处作用有扭矩时，主要由肋梁两侧箱室贡献扭矩参与平衡，这可分别从1，2，3控制截面位置的c—c'截面扭矩分别与全截面（ALL）扭矩的相对大小可以判断。不同边界条件下，1，2，3控制截面位置处c—c'截面扭矩占相应全截面扭矩的平均比例分别为90.9%，97%，94.8%。因此可以认为，当对空心楼盖进行拟梁等效时，等效后拟梁的截面抗扭刚度应与原空心楼盖该肋梁相邻两箱室提供的抗扭刚度一致。也就是说，当任一弯矩作用于空心楼盖肋梁时，其变形模式更接近于如图5.9（c）所示的局部变形。

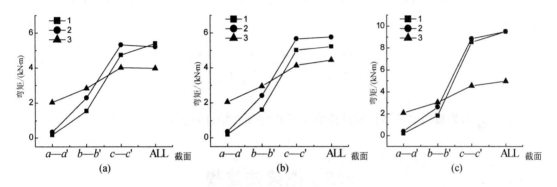

图5.11 空心楼盖扭矩分布

5.2节已详细阐述了多箱室闭合截面转动惯性矩 J 的计算方法，当空心楼盖两相邻箱室几何尺寸如图5.8（a）所示时，由式（5.13）有

$$\left.\begin{aligned}
c_{11} &= \oint_1 \frac{\mathrm{d}s}{t} = \frac{2hb + ts + bs}{wb} + \frac{lb_1 + wb}{bs} + \frac{lb_1 + wb}{ts} \\
c_{22} &= \oint_2 \frac{\mathrm{d}s}{t} = \frac{2hb + ts + bs}{wb} + \frac{lb_2 + wb}{bs} + \frac{lb_2 + wb}{ts} \\
c_{12} &= c_{21} = -\int_{1,2} \frac{\mathrm{d}s}{t} = -\frac{hb + 0.5ts + 0.5bs}{wb}
\end{aligned}\right\} \tag{5.18}$$

并且

$$\left.\begin{aligned}
A_1 &= (lb_1 + wb)(hb + 0.5ts + 0.5bs) \\
A_2 &= (lb_2 + wb)(hb + 0.5ts + 0.5bs)
\end{aligned}\right\} \tag{5.19}$$

由式（5.12）可解得各箱室剪力流函数 $\bar{q}_i$：

$$\left.\begin{aligned}\bar{q}_1 &= 2\,\frac{c_{22}A_1 - c_{12}A_2}{c_{11}c_{22} - c_{12}^2}\\[2mm]\bar{q}_2 &= 2\,\frac{c_{11}A_2 - c_{21}A_1}{c_{11}c_{22} - c_{12}^2}\end{aligned}\right\} \tag{5.20}$$

根据 $J = 2\sum \bar{q}_i A_i$ 有

$$J = 4\,\frac{c_{11}A_2^2 - 2c_{12}A_1A_2 + c_{22}A_1^2}{c_{11}c_{22} - c_{12}^2} \tag{5.21}$$

对于构造各向同性的空心楼盖，即 $lb_1 = lb_2 = lb$，$ts = bs = tf$，$A_1 = A_2 = A$，式（5.21）可简化为

$$J = \frac{8A^2}{c_{11} + c_{12}} = \frac{8\,(lb + wb)^2\,(hb + tf)^2}{\dfrac{hb + tf}{wb} + 2\,\dfrac{lb + wb}{tf}} \tag{5.22}$$

式（5.22）即为基于多箱室扭转理论的拟梁扭转惯性矩计算公式。

5.5　拟梁法建模

拟梁法建模的一些细节已在 5.3 节的引入算例中进行了简要说明，本节将统一阐述在拟梁过程中可能涉及的建模细节，包括暗梁和边梁的处理、板柱节点实心区的处理、托板的处理、等效节点荷载的计算等。

5.5.1　柱轴线梁的处理

图 5.12 展示了空心楼盖柱轴线梁可能有四种形式，图 5.12（a）（b）（c）（d）分别表示了暗边梁、明边梁、暗内梁、明内梁。

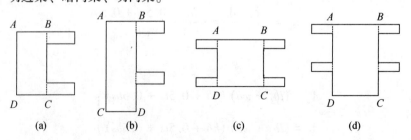

图 5.12　空心楼盖梁截面示意图

依据5.4节对等效拟梁截面抗扭抵抗矩的计算方法，对图5.12中(a)(b)所示的边梁，其等效拟梁截面扭转常数 J 为

$$J = J_h + J_s \tag{5.23}$$

式中，J_s 为按式（5.16）计算的矩形 $ABCD$ 抗扭抵抗矩；J_h 为按式（5.8）计算的单箱室抗扭抵抗矩。

对于如图5.12(c)(d)所示的内梁，其等效拟梁截面抗扭抵抗矩 J 可仍按式（5.23）计算。计算时，J_s 为按式（5.16）计算的矩形 $ABCD$ 抗扭抵抗矩；J_h 为按式（5.22）计算的两箱室抗扭抵抗矩。

5.5.2　板柱节点区域的处理

板柱节点区域包含板柱核心区及核心区以外一定范围内的板区域，其内力和变形是空心楼盖结构受力最复杂的部分。通常，板柱节点区域为实心截面，个别情况下，还增设有托板和柱帽；由于柱帽的设置带有较大的随意性，工程施工也不方便，已较少采用。因此，本章仅讨论带托板的情况。对于节点核心区，倘若直接进行拟梁等效，会产生较大的误差。

图5.13（a）为一板柱节点核心区示意图，虚线为原结构的投影，实线为拟梁。矩形 $ABCD$ 为柱所在区域，弹性分析时，该区域只能发生整体平移或转动，如果仅用一个节点 O 等效原结构节点核心区，则在该区域内存在梁的相对转动，大大削弱核心区对与其正交的梁柱单元的约束，这与实际情况差别较大，用这种梁模型算得柱边处的内力将比实际内力小。为了尽量准确地模拟等效前的空心楼盖，拟梁等效时，将板柱节点核心区 $ABCD$ 处理为刚域。本书采用的方法是将核心区内的梁、柱单元（见图5.13（a）中粗实线）的弹性模量设为一个较大值，泊松比设为一个较小值（可令其为0），这样处理后，柱边梁的内力将与实际情况更为吻合。

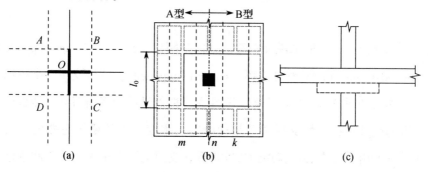

图5.13　拟梁法板柱节点区域的处理

以下将详述板柱节点除核心区以外的其他区域的等效手段。需要说明的是，等效拟梁抗弯刚度取值方法仍按照规范建议（详见 1.2.4 小节）执行，此处讨论的是如何对等效拟梁抗扭刚度进行取值。

如图 5.13（b）所示，实际空心楼盖中，板柱节点实心区与模盒的相对位置关系有 A 型与 B 型之分，区别在于是否有肋梁与实心区域相交。图 5.13（b）中第 n 号拟梁为柱轴线梁，其等效处理手段已在 5.5.1 小节中详细说明。图 5.13（b）中第 m 号和第 k 号拟梁的区别主要在于板柱节点实心区即 l_0 区段的处理方法：对于第 m 号梁，其抗扭惯性矩计算同图 5.12（a）所示的暗边梁，若存在如图 5.13（c）所示的托板，则其抗扭惯性矩计算同图 5.12（b）所示的明边梁；对于第 k 号梁，其抗扭惯性矩计算同图 5.12（c）所示的暗内梁，若存在如图 5.13（c）所示的托板，则其抗扭惯性矩计算同图 5.12（d）所示的明边梁。第 m 号和第 k 号拟梁相应的抗扭惯性矩计算方法均可参见 5.5.1 小节及式（5.23）。

5.5.3　等效节点荷载的计算

实体单元模型荷载和边界条件都是容易实现的，但梁单元的加载需要将设计中的楼面均布荷载按梁的线荷载或者集中荷载施加。本书为了简化计算，采取集中力的形式直接加在交叉梁的节点上。水平荷载下容易处理，竖向荷载下将分布荷载转化为集中力采取从属面积原则，并考虑荷载偏心。对于模盒大小相同的结构布置，中间拟梁是没有力的偏心的，而边梁上的偏心一般来说是存在的，本章将这一偏心用集中弯矩的形式考虑进梁的加载中。

5.6　算例验证

空心楼盖的支撑条件一般来说有三类，分别是刚性支撑（rigid edge supported）、柔性支撑（flexible edge supported）和柱支撑（column supported）。刚性支撑是指由墙或者竖向刚度较大的梁作为楼板竖向支撑的楼盖，刚性支撑楼盖只承受竖向荷载，楼板按四边竖向刚性支撑的双向板计算；柔性支撑楼盖是指由竖向刚度较小的梁作为楼板竖向支撑的楼盖，这类楼盖一般由无梁空心楼盖加强边梁得到，支撑刚度介于无梁楼盖和刚性支撑楼盖之间；柱支撑楼盖即无梁楼盖，由柱作为楼板竖向支撑，且柱间没有刚性和柔性支撑的楼盖。

对应三种支撑条件，本节算例设计分为：竖向支撑刚度无限大的四边支撑算例（包括四边简支和四边固支）；加边梁的支撑即柔性支撑算例；柱支撑算例；特殊板柱节点区域算例（包括节点区域一定范围设置为实心区和带托板两种情况）。对柔性支撑和柱支撑分为单板格和四边板格两种情况。下面，对本节所涉及的算例模型进行总体统一说明。

（1）刚性支撑单板格模型（包括四边简支和四边固支）。材性、几何尺寸及控制截面与5.3节设计算例完全一致（可参见图5.6），由于没有柱，为四边支撑，将楼盖最外围肋梁宽度由0.5m调整到0.25m，空心率$\rho = 48.29\%$。

（2）柔性支撑算例和柱支撑算例中的单板格模型。材性、几何尺寸及控制截面与5.3节设计算例完全一致（可参见图5.6）。柔性支撑算例带有边梁，边梁尺寸为$0.5m \times 0.8m$，空心率$\rho = 34.28\%$；柱支撑算例没有边梁，空心率$\rho = 45.82\%$。

（3）柔性支撑算例和柱支撑算例中的四板格模型。整体模型如图5.14（a）所示，空心楼盖几何参数为：边梁宽度等于柱宽$wis_1 = wis_2 = wc_1 = wc_2 = 0.5m$，柱高3m，肋宽$wb_1 = wb_2 = 0.2m$，内模宽度$lb_1 = lb_2 = 0.7m$，内模高度$hb = 0.2m$，顶底板厚度$bs = ts = 0.05m$，跨度$l_1 = l_2 = 9.3m$，空心率$\rho = 35.82\%$；材料参数为：$E = 2.55 \times 10^4 \text{MPa}$，$\mu = 0.2$；内力控制截面为边截面$bs$（boundary section）和跨中截面$ms$（middle span section），各控制截面根据肋和边梁的位置进行了进一步划分；柔性支撑时，边梁为明梁，高度为0.8m；水平荷载为在柱顶L，M，R三处施加y向100kN集中力。

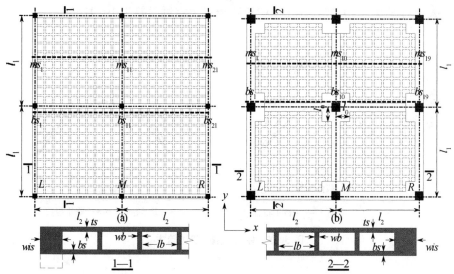

图5.14 拟梁法四板格空心楼盖计算模型

（4）特殊板柱节点区域算例。以上算例中，均没有考虑板柱节点实心区或托板的影响，此处，设计 4 板格空心楼盖模型，分别考虑板柱节点区域为实心和有托板的情况。如图 5.14（b）所示，边梁宽度等于柱宽 $wis_1 = wis_2 = wc_1 = wc_2 = 0.8m$，柱高 3m，肋宽 $wb_1 = wb_2 = 0.217m$，内模宽度 $lb_1 = lb_2 = 0.683m$，内模高度 $hb = 0.3m$，顶底板厚度 $bs = ts = 0.05m$，跨度 $l_1 = l_2 = 8.0m$，实心区与柱轴线的距离 $l_0 = 1.3m$，空心率 $\rho = 27.11\%$；材料参数为：$E = 2.55 \times 10^4 MPa$，$\mu = 0.2$；内力控制截面为边截面 bs 和跨中截面 ms，各控制截面根据肋和边梁的位置进行了进一步划分，设有托板时，托板位置与实心区一致，托板净高 0.4m，此时，空心率 $\rho = 23.59\%$。需要说明的是，依据图 5.14（b）所示设计计算模型是为了形成图 5.13（b）中 B 型板柱节点区域，B 型板柱节点由于有肋梁穿过实心区，受力较 A 型更合理；水平荷载为在柱顶 L，R 各施加 y 向 100kN 集中力，M 处施加 200kN 集中力。

5.6.1　刚性支撑板算例

如图 5.15 及表 5.1 所示，四边简支条件下，修正拟梁法计算出的拟梁弯矩与实体单元计算的结果吻合良好；采用工字型截面等效方法计算的 ms 和 bs 截面的弯矩与实际值相差较大，ms 截面正弯矩与实际值误差最大的为第六根拟梁，相对误差达 59.31%，bs 截面负弯矩在第六根肋梁处的相对误差为 52.04%。显然工字型截面扭转刚度过小是造成拟梁误差过大的原因；矩形等效的计算结果位于工字型等效和修正拟梁法之间，其 ms 截面拟梁弯矩最大相对误差为 20.17%，bs 拟梁负弯矩最大相对误差为 19.97%。

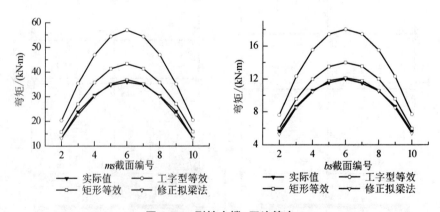

图 5.15　刚性支撑-四边简支

表5.1 四边简支刚性支撑模型控制截面弯矩值

截面	弯矩值/(kN·m)				相对误差/(%)		
	实际值	工字型等效	矩形等效	修正拟梁法	工字型等效	矩形等效	修正拟梁法
ms-6	35.84	57.10	43.07	36.37	59.31	20.17	1.48
bs-6	11.85	18.02	14.10	12.03	52.04	19.97	1.52

如图5.16及表5.2所示，四边固定条件下，由于边界对交叉梁系的约束更强，三种等效方法计算结果明显好于简支条件，但本章提出的修正拟梁法仍然精度最高，从 ms 和 bs 截面看，修正拟梁法计算弯矩与实体单元的相对误差分别仅为0.71%，1.61%。

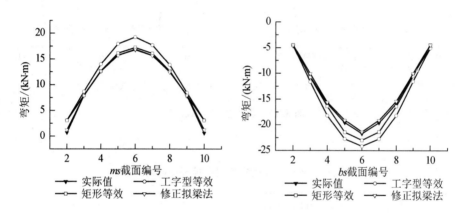

图5.16 刚性支撑–四边固支

表5.2 四边固支刚性支撑模型控制截面弯矩值

截面	弯矩值/(kN·m)				相对误差/(%)		
	实际值	工字型等效	矩形等效	修正拟梁法	工字型等效	矩形等效	修正拟梁法
ms-6	16.79	19.26	17.24	16.91	14.71	2.68	0.71
bs-6	-21.74	-24.14	-23.00	-21.39	11.04	5.80	1.61

5.6.2 柔性支撑板算例

由于工字型等效方法对于拟梁截面抗扭刚度的考虑明显不足，计算精度很差，因此以后的算例分析将不列出工字型等效的计算结果。

图 5.17 及表 5.3 所示为单板格柔性支撑计算结果，从截面弯矩分布可见，柱轴线位置拟梁承担的弯矩值较其他位置拟梁大很多，拟梁抗扭刚度对计算精度影响较大，以第一根梁和第六根梁为例，矩形等效方法对跨中正弯矩计算误差分别为 4.93% 和 20.62%，对支座负弯矩计算误差分别为 23.93% 和 108.33%；经过抗扭刚度修正后，计算精度得到大幅度提高，均不超过 5%，尽管支座截面 bs-6 计算误差较大，但该截面弯矩值本身很小，不起控制作用。

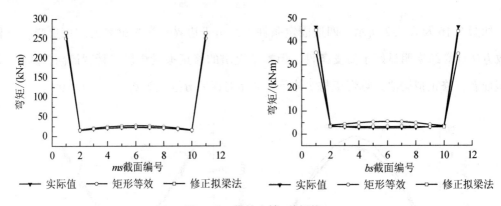

图 5.17　柔性支撑−单板格

表 5.3　单板格柔性支撑模型控制截面弯矩值

截面	弯矩值/(kN · m)			相对误差/（%）	
	实际值	矩形等效	修正拟梁法	矩形等效	修正拟梁法
ms−1	263.48	250.484	265.992	4.93	0.95
ms−6	22.84	27.55	23.10	20.62	1.14
bs−1	46.46	35.34	45.07	23.93	2.99
bs−6	2.64	5.50	3.24	108.33	22.73

图 5.18、表 5.4 及图 5.19、表 5.5 所示分别为带边梁四板格空心楼盖在竖向荷载及水平荷载作用下控制截面弯矩分布，从中可以发现，空心楼盖内部肋梁弯矩要明显低于柱轴线梁相应位置计算弯矩值，也即柱轴线板带（或等效拟梁）对楼盖竖向刚度和侧向刚度的贡献较大。也可以发现，无论是竖向还是水平荷载工况，本章提出的修正拟梁法均具有较好的计算精度。

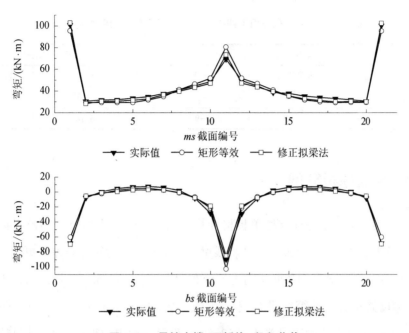

图 5.18 柔性支撑-四板格-竖向荷载

表 5.4 竖向荷载作用下四板格柔性支撑模型控制截面弯矩值

截面	弯矩值/(kN·m)			相对误差/(%)	
	实际值	矩形等效	修正拟梁法	矩形等效	修正拟梁法
$ms-1$	33.29	29.32	31.50	11.93	5.38
$ms-11$	69.23	80.39	73.10	16.12	5.59
$bs-1$	-67.86	-60.20	-69.55	11.29	2.49
$bs-11$	-90.17	-102.79	-85.4	14.00	5.29

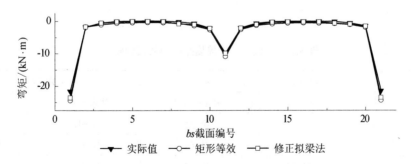

图 5.19 柔性支撑-四板格-水平荷载

表 5.5　水平荷载作用下四板格柔性支撑模型控制截面弯矩值

截面	弯矩值/(kN·m)			相对误差/(%)	
	实际值	矩形等效	修正拟梁法	矩形等效	修正拟梁法
bs-1	-21.58	-24.40	-23.56	13.07	9.18
bs-11	-10.26	-10.89	-9.92	6.14	3.31

5.6.3　柱支撑板算例

图 5.20 及表 5.6 所示为柱支撑单板格计算结果，由于柱支撑算例均没有边梁，因此对比图 5.17 及表 5.3，没有边梁时，柱轴线梁与内部肋梁的弯矩分布差异更小，表明肋梁间相对刚度的变化会明显影响各肋梁内力的分布和大小。正如 5.3 节提到的，当不进行等效拟梁抗扭刚度修正时，计算结果有较大误差，特别是采用工字型等效时，误差不能接受。尽管 bs-6 截面修正拟梁法误差达到 62.1%，但该截面内力很小，不起控制作用。

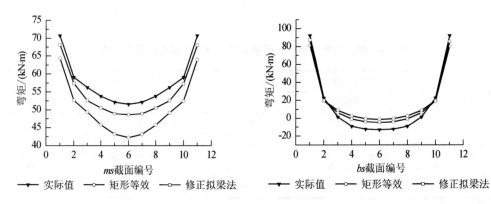

图 5.20　柱支撑-单板格

表 5.6　单板格柱支撑模型控制截面弯矩值

截面	弯矩值/(kN·m)			相对误差/(%)	
	实际值	矩形等效	修正拟梁法	矩形等效	修正拟梁法
ms-1	70.71	64.39	68.15	8.94	3.62
ms-6	51.58	42.24	48.61	18.11	5.76
bs-1	92.13	81.60	87.24	11.43	5.31
bs-6	-13.14	-1.456	-4.98	88.92	62.1

图 5.21、表 5.7 及图 5.22、表 5.8 所示分别为柱支撑四板格空心楼盖在竖向荷载及水

平荷载作用下控制截面弯矩分布，对比带边梁计算模型可以发现，空心楼盖内部肋梁弯矩和柱轴线梁弯矩的差异变小，这是由于边梁和内部肋梁相对抗弯刚度比值的不同造成的。但在柱支撑情况下，尤其是水平荷载作用下，仍然可以发现柱轴线梁主要参与了对楼盖刚度的贡献，内部肋梁的截面内力变化不大，柱轴线梁连同与其紧邻的肋梁是拟梁法需要重点模拟的，如何精确合理地计算等效拟梁截面的各力学参数是拟梁法的关键。从计算结果的相对误差可以发现，无论是竖向还是水平荷载工况，本章提出的修正拟梁法均具有较好的计算精度。

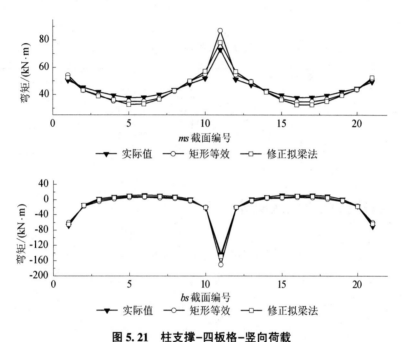

图 5.21　柱支撑-四板格-竖向荷载

表 5.7　竖向荷载作用下四板格柱支撑模型控制截面弯矩值

截面	弯矩值/(kN·m)			相对误差/(%)	
	实际值	矩形等效	修正拟梁法	矩形等效	修正拟梁法
$ms-1$	50.30	54.21	52.26	7.77	3.90
$ms-11$	73.14	86.90	78.18	18.81	6.89
$bs-1$	−68.59	−60.94	−65.26	11.15	4.85
$bs-11$	−142.56	−170.15	−148.52	19.35	4.18

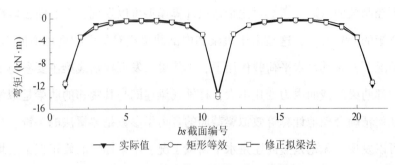

图 5.22   柱支撑–四板格–水平荷载

表 5.8   水平荷载作用下四板格柱支撑模型控制截面弯矩值

截面	弯矩值/(kN·m)			相对误差/(%)	
	实际值	矩形等效	修正拟梁法	矩形等效	修正拟梁法
bs-1	-11.89	-11.37	-11.56	4.37	2.78
bs-11	-13.43	-13.95	-13.50	3.87	0.52

5.6.4   特殊板柱节点区域算例

之前的算例，均未对板柱节点的特殊情况加以考虑，比如，实际工程中，当柱网间距较大或者载荷较高时，通常会在板柱节点区设置实心区域甚至托板来保证抗冲切能力以及减小柱轴线梁内力。本小节主要针对这两种特殊情况建立拟梁模型，验证 5.4 节建议的扭转刚度修正及 5.5 节提到的特殊区域建模方法的准确性。

图 5.23、表 5.9 和图 5.24、表 5.10 所示分别为带实心区空心楼盖拟梁法在竖向荷载和水平荷载作用下的计算结果；图 5.25、表 5.11 和图 5.26、表 5.12 所示分别为带托板空心楼盖拟梁法在竖向荷载和水平荷载作用下的计算结果。由于本小节设计的空心楼盖算例中，柱轴线两侧各有一根肋梁穿过板柱节点实心区或托板区域，因此，从截面弯矩分布图上可以明显发现区别于无实心区域计算模型的现象。柱轴线梁连同其两侧的肋梁内力比内部肋梁更大，并且此三根肋梁间内力差异比无实心区情况小很多，表明这三根肋梁共同参与受力、整体变形的效应更显著，从这一点上，也说明设置板柱实心区域或增设托板有助于提高空心楼盖整体性和刚度。从所得计算结果上，尽管个别截面内力相对误差超过5%，但本章提出的修正拟梁法计算精度均较规范建议的拟梁方法有提高，其计算误差也是可以接受的。

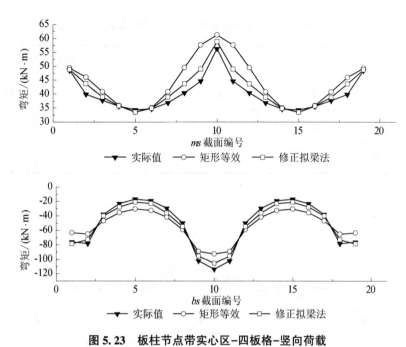

图 5.23 板柱节点带实心区-四板格-竖向荷载

表 5.9 竖向荷载作用下板柱带实心区模型控制截面弯矩值

截面	弯矩值/(kN·m)			相对误差/(%)	
	实际值	矩形等效	修正拟梁法	矩形等效	修正拟梁法
$ms-1$	48.50	49.35	48.79	1.75	0.60
$ms-10$	56.30	61.23	58.89	8.76	4.60
$bs-1$	−75.97	−63.16	−78.62	16.86	3.49
$bs-10$	−113.80	−92.45	−105.62	18.76	7.19

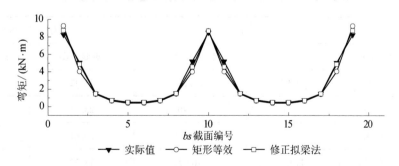

图 5.24 板柱节点带实心区-四板格-水平荷载

表 5.10　水平荷载作用下板柱带实心区模型控制截面弯矩值

截面	弯矩值/(kN·m)			相对误差/(%)	
	实际值	矩形等效	修正拟梁法	矩形等效	修正拟梁法
$bs-1$	8.25	9.26	8.73	12.24	5.82
$bs-11$	8.50	8.69	8.69	2.23	2.23

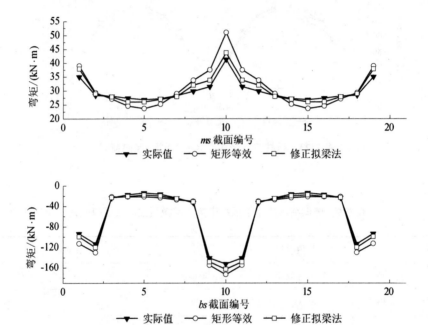

图 5.25　板柱节点带托板–四板格–竖向荷载

表 5.11　竖向荷载作用下板柱带托板模型控制截面弯矩值

截面	弯矩值/(kN·m)			相对误差/(%)	
	实际值	矩形等效	修正拟梁法	矩形等效	修正拟梁法
$ms-1$	35.07	38.97	37.89	11.12	8.04
$ms-10$	41.36	51.00	43.70	23.31	5.66
$bs-1$	-93.46	-112.73	-99.33	20.61	6.28
$bs-10$	-152.30	-173.21	-162.59	13.73	6.76

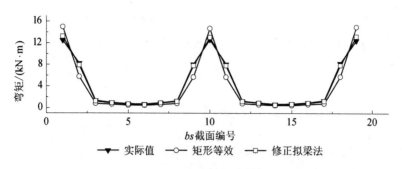

图 5.26　板柱节点带托板–四板格–水平荷载

表 5.12　水平荷载作用下板柱带托板模型控制截面弯矩值

截面	弯矩值/(kN·m)			相对误差/(%)	
	实际值	矩形等效	修正拟梁法	矩形等效	修正拟梁法
bs-1	12.50	15.00	13.22	20.0	5.76
bs-11	12.63	14.69	14.04	16.31	11.16

5.7　本章小结

本章主要对空心楼盖拟梁法进行了详细的讨论分析。关注的重点在如何考虑等效后拟梁的抗扭刚度，为解决这一问题，本章主要完成了下述工作。

（1）首先指出交叉梁系中，肋梁扭转刚度对结构受力分析结果影响较大，并设计计算了一个空心楼盖算例，指出当采用工字型等效或规范建议的矩形等效方法建立拟梁模型时，其计算结果误差很大，有必要对拟梁扭转刚度的取值进行进一步研究。

（2）根据有限元分析结果，影响肋梁抗扭刚度取值的箱室数目应取 2，并结合多箱室扭转理论，推导了拟梁法肋梁抗扭惯性矩 J。

（3）针对空心楼盖特殊区域，包括边梁、柱轴线梁、带实心区板柱节点以及带托板板柱节点，指出了相应的建模方法和相应位置拟梁抗扭惯性矩的计算方法，并明确了等效节点荷载的计算方法。

（4）根据建议的建模手段，设计了刚性支撑、柔性支撑、柱支撑及带特殊板柱节点四种类型空心楼盖，后三种空心楼盖又分别设置了单板格和四板格两种情况，对每一种情况又分别施加竖向荷载及水平荷载两种分析工况。

（5）通过大量的算例分析，验证了本章提出的拟梁法具有较好的计算精度，同时适用于竖向荷载及水平荷载作用的情况，修正拟梁方法可以用于指导工程设计。

参 考 文 献

［1］装配箱混凝土空心楼盖结构技术规程：JGJ/T207—2010［S］. 北京：中国建筑工业出版社，2010.

［2］现浇混凝土空心楼盖技术规程：JGJ/T268—2012［S］. 北京：中国建筑工业出版社，2012.

［3］广东省现浇混凝土空心楼盖结构技术规程：DBJ 15—95—2013［S］. 北京：中国建筑工业出版社，2013.

［4］黄剑源. 薄壁结构的扭转分析：上［M］. 北京：中国铁道出版社，1983.

［5］包世华，周坚. 薄壁杆件结构力学［M］. 北京：中国建筑工业出版社，1991.

6 空心楼盖板柱节点冲切性能试验研究

为研究现浇混凝土空心楼盖冲切性能,明确板柱节点实心区及暗梁配置箍筋对冲切承载力和节点破坏模式的影响,在竖向荷载作用下,完成了1个仅有板柱节点实心区和2个仅配置有暗梁箍筋的现浇混凝土空心楼盖内板柱节点的静力试验。试验结果表明:空心楼盖板柱节点与传统无梁楼盖板柱节点具有相似的冲切破坏形态;设置节点实心区或在暗梁中配置箍筋均可改善抗冲切性能;配置暗梁箍筋比设置节点实心区在提高抗冲切能力方面效果更好;通过控制暗梁配箍数量可以有效地改变板柱节点的破坏类型,使其由脆性的冲切破坏转变为延性的弯曲破坏。根据试验结果,提出了空心楼盖板柱节点的抗冲切设计建议。

6.1 试 验 目 的

目前,国内外进行的现浇混凝土空心楼盖的试验研究中,大多数针对四角或四边支撑空心楼盖,空心楼盖内模多为管状或芯筒,针对空心楼盖板柱节点抗冲切性能的研究数量较少,尤其是专门研究新一代盒状内模空心楼盖板柱节点的试验就更少。因此,本章将阐述现浇混凝土空心楼盖板柱节点的抗冲切性能试验,为工程实践与理论研究打下基础。本试验的目的主要包括以下几点。

(1) 进行现浇混凝土空心楼盖板柱节点试件在竖向荷载作用下的试验,考查通过在暗梁配置箍筋能否改变节点的破坏类型。

(2) 考查按现行空心楼盖技术规程设置的板柱节点实心区是否满足冲切裂缝的发展要求,同时探讨能否通过设置暗梁箍筋来取代节点实心区的设置。

(3) 考查不同暗梁箍筋配筋率对空心楼盖冲切能力的影响。

6.2 试件设计与制作

6.2.1 试件设计

本试验构件的工程背景为某地下停车场空心楼盖，以其中柱节点单元为本试验的研究对象。一共设计制作了3个试件，考虑实验室加载装置和加载水平，试验构件按1∶2缩尺确定。板总尺寸为2 300mm×2 300mm×200mm，在纵、横方向，支座间距均为1 980mm。加载柱高为300mm，柱截面尺寸为200mm×200mm。混凝土设计强度为C40，板底和箍筋都采用HRB400级钢筋，板顶钢筋采用HPB300级钢筋，以塑料泡沫模盒模拟板中的空腔部分。构件柱轴线实心区尺寸及板柱节点实心区尺寸均按照《现浇混凝土空心楼盖技术规程》（JGJ/T 268—2012）[1]相关规定设计。具体构件设计如图6.1～图6.8所示。

试件主要考虑三个参数，包括是否设置实心区、是否设置暗梁、暗梁配箍率大小。其中，构件1（HS-1）仅设置实心区，不设置暗梁；构件2（HS-2）和构件3（HS-3）不设置实心区，都设置了暗梁，暗梁箍筋分别为6@100（双肢箍）和8@100（四肢箍）。具体参数详见表6.1，设计思路如下。

（1）HS-1，HS-2，HS-3分别为不配置箍筋、较小配箍率、较大配箍率的试件，考查暗梁配箍能否改变节点的破坏类型。

（2）HS-1和HS-2按照相同的抗冲切承载力进行设计，一个设有实心区，一个设置暗梁箍筋，考查这两种不同形式对节点抗冲切性能的影响。

（3）HS-2和HS-3都设置暗梁箍筋，箍筋分别为6@100（双肢箍）和8@100（四肢箍），主要考查不同暗梁配箍率对节点抗冲切性能的影响。

表6.1 空心板柱节点试件参数

试件编号	板厚 mm	顶板厚 mm	底板厚 mm	肋宽 mm	实心区 mm	板底钢筋（双向）	板顶钢筋（双向）	暗梁箍筋
HS-1	200	40	60	50	800×800	14@90	6@180	无
HS-2	200	40	60	50	0	14@90	6@180	6@100
HS-3	200	40	60	50	0	14@70	6@140	8@100

注：HS-2暗梁箍筋为双肢箍，HS-3暗梁箍筋为四肢箍。

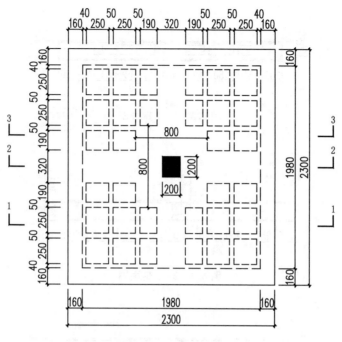

图 6.1 HS-1 平面图

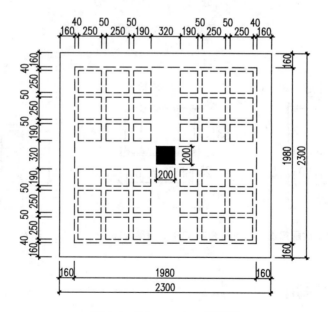

图 6.2 HS-2, HS-3 平面图

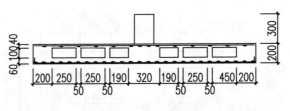

图 6.3　1—1 剖面图

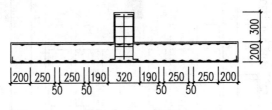

图 6.4　2—2 剖面图

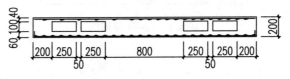

图 6.5　3—3 剖面图

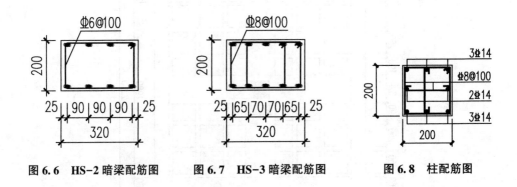

图 6.6　HS-2 暗梁配筋图　　图 6.7　HS-3 暗梁配筋图　　图 6.8　柱配筋图

6.2.2　试件制作

制作试件时，首先钢筋要按照设计图纸切割下料，在合适位置粘贴好应变片并包裹保护（见图 6.9），按空腔尺寸切割泡沫备用。关键的施工流程如下。

第一步：选择支模场地进行平场，要求场地平整无沉降。

第二步：铺设模板，放模盒定位线。

第三步：绑扎板底钢筋网以及暗梁钢筋，如图6.10所示。

图6.9 钢筋应变片图

图6.10 板底及暗梁钢筋

第四步：放置板底钢筋垫块以及模盒垫块，保证板底钢筋与底模以及模盒与板底钢筋的间距均不得小于10mm。

第五步：安装模盒，并做好抗浮措施。本试验采用钢丝及混凝土垫块将模盒固定在顶、底板之间，如图6.11所示。

第六步：绑扎好板面的钢筋，放置钢筋垫块，保证模盒与板顶钢筋间距不小于10mm，如图6.12所示。绑扎柱钢筋，HS-1及HS-2/3分别如图6.13和图6.14所示。

图6.11 模盒固定

图6.12 构件钢筋骨架

图 6.13　无抗冲切钢筋节点　　　　　　图 6.14　有抗冲切钢筋节点

　　第七步：确认钢筋绑扎无误后，浇筑混凝土，并用振动棒充分振动密实，如图 6.15 所示。应特别注意节点处以及肋梁部分的振捣。

　　第八步：对混凝土面层进行收光，采用自然养护法养护，定时浇水，以防止混凝土凝固过程中开裂，浇筑好的试件如图 6.16 所示。

图 6.15　混凝土振捣　　　　　　　　　图 6.16　试件养护

　　本试验用到 HRB400 和 HPB300 两种级别的钢筋，其中 HRB400 级钢筋共有 6mm，8mm，14mm 三种直径，HPB300 级钢筋的直径为 6mm。每种不同直径和级别的钢筋都在同一批号中预留 3 根长为 300mm 的试样，用于材性试验。并在浇筑混凝土的同时制作 6 个混凝土立方体标准试块进行同条件养护，用于测试其抗压强度。

6.3 试验装置及加载制度

6.3.1 试验装置

本试验试件的约束条件为四边简支。参照《混凝土结构试验方法标准》（GB/T50152—2012)[2]的规定，试验板通过厚度为 10mm 的钢垫板搭在 4 根直径为 32mm 的圆钢棒上，以此来模拟四边简支的约束条件，如图 6.17 所示。每根圆钢管中心线距板边留有 160mm 的宽度，以防止加载后期发生冲切破坏时板中心处下沉过大，导致整块板从支座中间滑落。圆钢管焊接在由 4 根工字钢制成的钢框架上，钢框架四角由 4 个刚性支墩支撑。刚性支墩高度为 1 100mm，便于加载过程中板底裂缝的绘制。试验加载采用 1 000kN 的液压千斤顶，通过上部横

图 6.17 试验加载支座

梁的反作用将竖向荷载作用于板柱节点的柱头上，在施加荷载时，应在千斤顶与柱头之间垫上钢垫片，具体详见图 6.18 和图 6.19。

图 6.18 试验加载装置

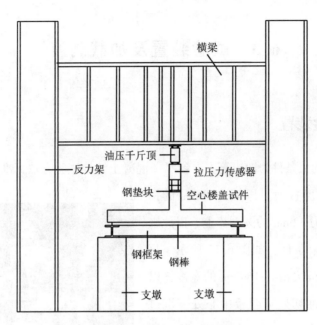

图 6.19　试验加载装置示意图

6.3.2　加载制度

本试验根据 3 个构件预测的不同极限荷载，采用不同的加载制度。其中，HS-1 和 HS-2 的预估极限荷载相似，采用第一种加载制度；HS-3 采用第二种加载制度。两种加载制度都分为预加载和正式加载两个阶段，在预加载阶段两者完全相同，区别主要在于正式加载阶段。下面分别进行详细阐述。

预加载阶段：加载前，应先观察各仪器、仪表是否已连接好，千斤顶、传感器等是否已对中。预加载阶段分三级加（卸）载，每级 20kN。每加（卸）载一级停荷 5min，并采集数据，检查每个应变片测点是否正常变化，仪器、仪表是否正常工作。同时预加载可保证支座沉降稳定，避免其对正式加载阶段的影响。

正式加载阶段：分别对第一种加载制度和第二种加载制度进行阐述。

第一种加载制度：荷载达到 100kN 以前，每级增加 20kN；荷载达到 100kN 以后，每级增加 10kN，每加一级停荷 5min，注意观察何时出现裂缝以及裂缝的发展趋势，用记号笔进行标记；当荷载达到预算极限荷载的 80% 时，视裂缝开展以及板的挠度变化情况决定是否继续描缝；当达到预估极限荷载的 90% 后，改用位移控制加载，板底中心点位移每下降 0.05mm 采集一次数据，直到构件发生破坏。

第二种加载制度：荷载达到 100kN 以前，每级增加 30kN；荷载处于 100~200kN 之间时，每级增加 20kN；荷载达到 200kN 以上，每级增加 10kN，每加一级停荷 5min，注意观察何时出现裂缝以及裂缝的发展趋势，用记号笔进行标记；当荷载达到预算极限荷载的80% 时，视裂缝开展以及板的挠度变化情况决定是否继续描缝；当达到预估极限荷载的90% 后，改用位移控制加载，板底中心点位移每下降 0.05mm 采集一次数据，直到构件发生破坏。

6.4 测试内容与测点布置

6.4.1 测试内容

根据本试验的试验目的，选定需要测试的内容，主要包括以下几点。

（1）记录下板底开始出现裂缝时的荷载以及极限荷载，描绘出各级荷载作用下板底裂缝的位置及走向，观察其发展情况以及破坏时冲切临界裂缝的形态。

（2）记录下各级荷载下位移计的读数，通过整理分析后描绘出板底中心处的荷载-挠度相关曲线。

（3）运用应变测试系统采集各级荷载下混凝土和钢筋的应变大小，通过整理分析后分别描绘出混凝土和钢筋的荷载-应变曲线，以及不同荷载作用下板的径向、切向截面曲率相关曲线。

6.4.2 测点布置

（1）位移计布置。如图 6.20 所示，在板底柱中心处布置一个量程为 ±50mm（YHD-100 型）的位移计（编号 1），用于测量板底中心处挠度；为了防止试验后期混凝土脱落导致位移计 1 无法正常读数，在柱边同时布置一个量程为 ±50mm（YHD-100 型）的位移计（编号 2）；板顶角部处布置一个量程为 ±25mm（YHD-50 型）的位移计（编号 3），用于测量板顶角部翘曲情况；钢框架梁底中点处布置两个量程为 ±25mm（YHD-50 型）的位移计（编号 4，5），用于测量钢梁的沉降和变形。

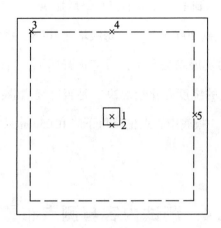

图 6.20　位移计布置图

（2）钢筋应变片布置。钢筋应变片采购自浙江黄岩测试仪器厂（型号 BX120-3AA，电阻 120Ω，栅长×栅宽：3mm×2mm），采用东华 DH3816N 静态应变测试系统采集应变数据。

板顶和板底受力钢筋的应变片布置位置分为两类：第一类为板顶、板底的关键位置，主要集中在柱轴线与柱角角平分线所围成的 1/8 板区域内；第二类用于计算板的径向曲率和切向曲率，主要布置在柱轴线上或轴线附近。应变片布置如图 6.21～图 6.24 所示。

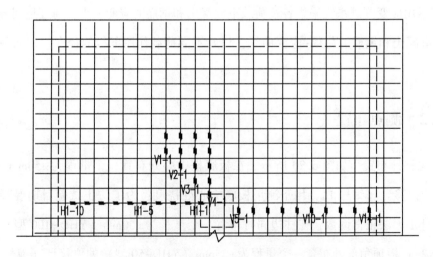

图 6.21　HS-1，HS-2 板底纵筋应变片布置图

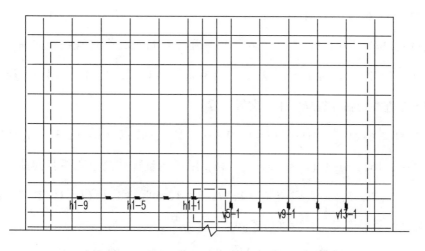

图 6.22 HS-1, HS-2 板顶纵筋应变片布置图

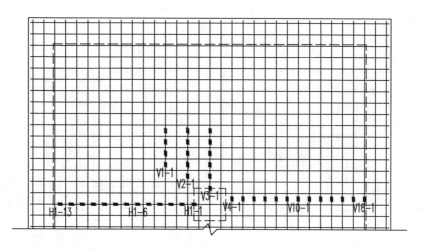

图 6.23 HS-3 板底纵筋应变片布置图

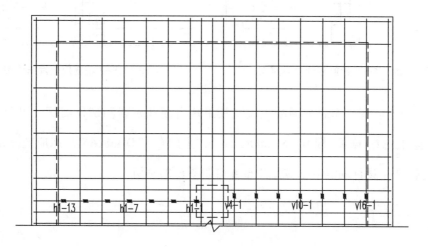

图 6.24 HS-3 板顶纵筋应变片布置图

图 6.21 和图 6.22 中，H1-i（i=1，2，…，10），h1-k（k=1，3，…，9）、Vi-1（i=5，6，…，14），vj-1（j=5，7，…，13）用于测量加载全过程板径向曲率和切向曲率；V1-i（i=1，2），V2-j（j=1，2，3），V3-k（k=1，2，3，4），V4-l（l=1，2，3，4，5）用于考查冲切临界裂缝发生、发展位置。

图 6.23 和图 6.24 中，H1-i（i=1，2，…，13），h1-k（k=1，3，…，13），Vi-1（i=4，5，…，16），vj-1（j=4，6，…，16）用于测量加载全过程板径向曲率和切向曲率；V1-i（i=1，2，3，4），V2-j（j=1，2，3，4，5），V3-k（k=1，2，3，4，5，6）用于考查冲切临界裂缝发生、发展位置。

HS-2 和 HS-3 的暗梁箍筋应变片布置分别如图 6.25 和图 6.26 所示，应变片均布在柱边同一侧。

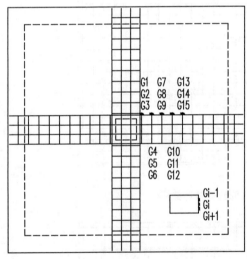

图 6.25　HS-2 箍筋应变片布置图

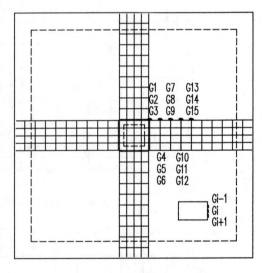

图 6.26　HS-3 箍筋应变片布置图

（3）混凝土应变片布置。混凝土应变片采购自浙江黄岩测试仪器厂（型号 BX120-80AA，电阻 120Ω，栅长×栅宽：80mm×3mm），采用东华 DH3816N 静态应变测试系统采集应变数据。3 个试件的混凝土应变片布置均如图 6.27 所示。

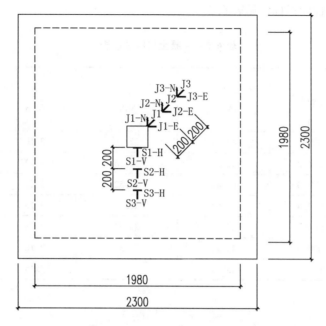

图 6.27 混凝土应变片布置图

6.5 材性试验结果

6.5.1 混凝土材性试验结果

本试验混凝土设计强度为 C40，在浇筑构件的同时，浇筑 6 个混凝土立方体标准试块进行同条件养护。按照《普通混凝土力学性能试验方法标准》（GB/T 50081—2002）[3]规定的方法测量试块的立方体抗压强度。利用液压式压力试验机（yE-200）测出试块的立方体抗压强度试验值 f_{cu}^0 后，参照《混凝土结构设计规范》（GB 50010—2010）[4]中的相关规定，采用以下三式分别计算出相应的混凝土轴心抗压强度试验值 f_c^0、轴心抗拉强度试验值 f_t^0、弹性模量 E_c^0：

$$f_c^0 = 0.76 f_{cu}^0 \qquad (6.1)$$

$$f_t^0 = 0.395 \left(f_{cu}^0\right)^{0.55} \qquad (6.2)$$

$$E_c^0 = \frac{10^5}{2.2 + \dfrac{34.7}{f_{cu}^0}} \qquad (6.3)$$

混凝土的各项材料性能指标详见表 6.2。

表 6.2　混凝土材料性能表

混凝土强度等级	试块编号	$\dfrac{f_{cu}^0}{\text{MPa}}$	$\dfrac{f_c^0}{\text{MPa}}$	$\dfrac{f_t^0}{\text{MPa}}$	$\dfrac{E_c^0}{10^4\text{MPa}}$
C40	试块 1	42.31	32.16	3.10	3.31
	试块 2	42.84	32.56	3.12	3.32
	试块 3	45.42	34.52	3.22	3.37
	试块 4	43.02	32.70	3.13	3.33
	试块 5	44.27	33.64	3.18	3.35
	试块 6	43.91	33.37	3.16	3.34
	平均值	43.63	33.16	3.15	3.34

6.5.2　钢筋材性试验结果

按照《金属材料拉伸试验第 1 部分：室温试验方法》（GB/ T228.1—2010）[5] 的规定，在万能试验机上完成拉伸试验，钢筋的各项材料性能指标详见表 6.3。

表 6.3　钢筋材料性能表

钢筋强度等级	钢筋直径 mm	f_y 平均值 MPa	屈服应变/$\mu\varepsilon$	f_u 平均值 MPa
HPB300	6	392.67	1 705	577.33
HRB400	6	596.33	2 592	640.33
HRB400	8	518.33	2 391	663.33
HRB400	14	510.67	2 553	630.67

6.6　主要试验结果

6.6.1　裂缝发展及荷载-挠度曲线

对于试件 HS-1，当荷载达到 160kN 时，板底柱边位置出现较短的辐射状裂缝；当荷载达到 380kN 时，出现环向裂缝；当荷载达到 580kN 时，整个板底已密布裂缝，环向裂缝连通并伴随着混凝土开裂的声音；当荷载加至 590kN 时，试件达到其极限承载力，板底环向主裂缝处混凝土部分脱落，板底中心处挠度急剧增大，荷载急速减小，如图 6.28 所示，板底荷载−挠度曲线呈现明显的冲切破坏特点。极限荷载时，板底中心处挠度为 8.75mm。破坏后环向主裂缝距柱边约为 390mm。柱头附近部分混凝土被压碎，破坏形态如图 6.29 所示。将柱头附近被压碎的混凝土敲掉，可观察到较为完整的临界斜裂缝面，与临界斜裂缝相交的板顶钢筋已发生弯折，而临界斜裂缝并非呈直线型，其靠近板底部分倾角较为平缓，靠近剪压区部分倾角明显偏大。利用倾角仪测得临界斜裂缝平均倾角为 27.78°。

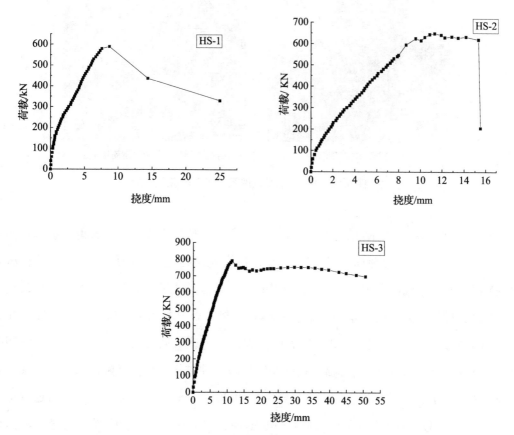

图 6.28 板底中心处荷载−挠度曲线

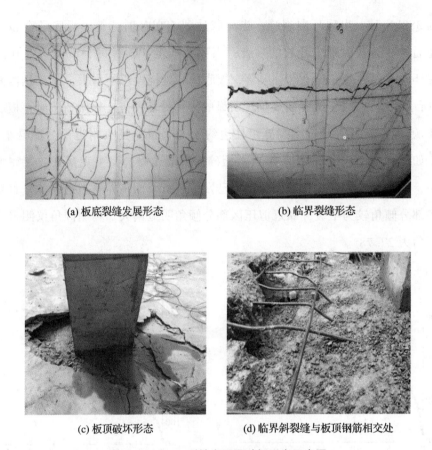

(a) 板底裂缝发展形态　　　　　　　　(b) 临界裂缝形态

(c) 板顶破坏形态　　　　　　　　(d) 临界斜裂缝与板顶钢筋相交处

图 6.29　HS-1 裂缝发展及破坏形态示意图

对于试件 HS-2，当荷载达到 130kN 时，板底柱边位置出现较短的辐射状裂缝；当荷载达到 360kN 时，出现环向裂缝，此时裂缝最大宽度已达 0.1 ~ 0.15mm；当荷载达到 610kN 时，整个板底已密布裂缝，环向裂缝连通并伴随着混凝土开裂的声音；当荷载达到 647kN 时，试件达到其极限承载力，板底环向主裂缝处混凝土部分脱落。达到极限荷载后，如图 6.28 所示，板底中心处挠度急剧增大，但荷载未见明显下降，波动一段时间降到 619kN 后，突然急剧下降，荷载-挠度曲线呈现弯冲破坏特点。极限荷载时，板底中心处挠度为 11.31mm。破坏后，环向主裂缝距柱边 305 ~ 545mm，柱头下陷，其附近少量混凝土被压碎，可观察到较为完整的临界斜裂缝面，与 HS-1 相同，临界斜裂缝破坏面呈"肘"形发展，板底部分平缓，剪压区部分倾角明显变大，如图 6.30 所示。利用倾角仪测得临界斜裂缝平均倾角为 30.09°。

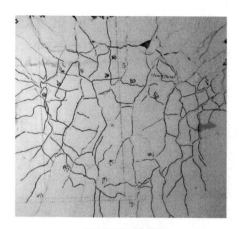

(a) 板底裂缝发展形态

(b) 板顶破坏形态

(c) 临界斜裂缝形态

图 6.30 HS-2 裂缝发展及破坏形态示意图

对于试件 HS-3，当荷载达到 180kN 时，板底柱边位置出现较短的辐射状裂缝；当荷载达到 400kN 时，出现环向裂缝；当荷载达到 710kN 时，整个板底已密布主要沿板的对角线发展的 "X" 形裂缝，并伴随着混凝土开裂的声音；当荷载达到 790kN 时，试件达到其极限承载力，此时已形成数条完整的环向裂缝，但并未观察到明显的临界裂缝。达到极限荷载后，如图 6.28 所示，板底挠度急剧增大，但荷载并无明显下降，荷载-挠度曲线呈现明显的弯曲延性破坏特点。极限荷载时，板底中心处挠度为 11.40mm。破坏后，柱头明显下陷，板顶混凝土大量被压碎，如图 6.31 所示。

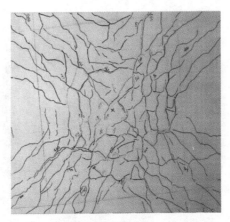
(a) 板底裂缝发展形态

(b) 板顶破坏形态

(c) 弯曲破坏形态

图 6.31 HS-3 裂缝发展及破坏形态示意图

3 个构件的开裂荷载 P_{cr}、极限荷载 P_u、极限荷载对应的板底挠度 δ_1、荷载下降为 $85\% P_u$ 对应的板底挠度 δ_2 及板的破坏形态见表 6.4。

表 6.4　主要实验结果

试件 编号	实心区 mm	暗梁 配箍	P_{cr} kN	P_u kN	δ_1 mm	δ_2 mm	冲切角度 (°)	破坏 形态
HS-1	800×800	无	160	590	8.75	12.01	27.78°	冲切破坏
HS-2	0	6@100	130	647	11.31	15.38	30.09°	弯冲破坏
HS-3	0	8@100	180	790	11.40	50.55	—	弯曲破坏

注：由于条件限制，HS-3 未能等荷载下降为 $85\% P_u$ 时已停止加载，因此表中试件 3 的 δ_2 取为其最后一级荷载对应的板底位移。

6.6.2 钢筋应变分布

（1）板底纵筋应变。如图 6.32 所示，在达到极限荷载时，试件 HS-1 各测点的纵筋应变相对较小，均未达到屈服（纯冲切破坏）；构件 HS-2 在靠近柱边一定区域范围内纵筋达到屈服，该范围以外纵筋应变相对较小（弯冲破坏）；构件 HS-3 板底纵筋应变都相对较大，大部分已经达到屈服，表现出明显的弯曲破坏特点。试件 1 和试件 2 在距柱边 200~400mm 范围内有个别纵筋的应变值突然大幅度增大，可认为是因冲切裂缝与该位置的纵筋相交造成的。

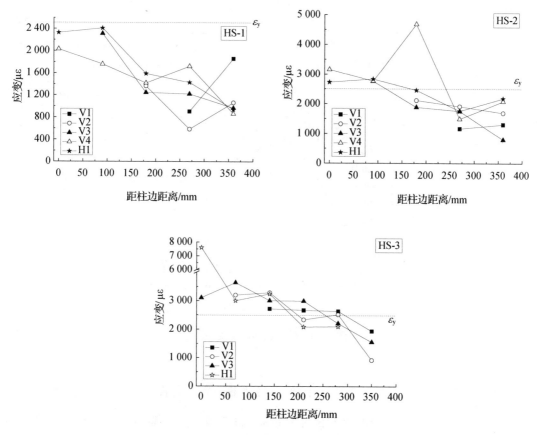

图 6.32　极限荷载纵筋应变分布图

为了进一步了解板底纵筋的应变发展情况，图 6.33 分别给出 3 个试件与柱头边缘对应处板底纵筋的荷载-应变曲线。从图中可看出，试件 HS-1 的柱边纵筋在加载全程都未屈服，达到极限荷载后纵筋卸载，应变减小；试件 HS-2 柱边纵筋即将达到极限荷载时才达到屈服，达到极限荷载后纵筋应变也急剧减小；试件 HS-3 柱边纵筋在达到极限荷载之前早已屈服，达到极限荷载后其应变值仍持续增大。

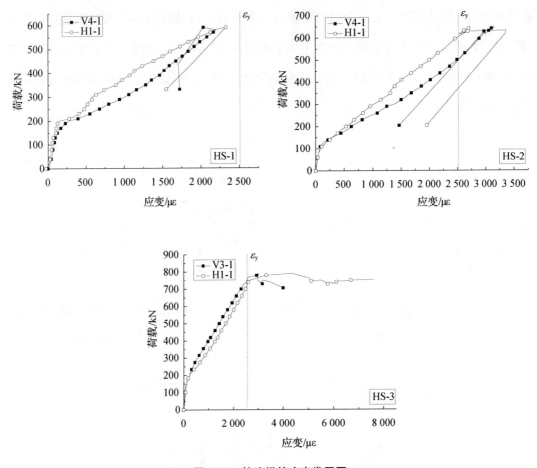

图 6.33　柱边纵筋应变发展图

（2）箍筋应变。试件 HS-2 和试件 HS-3 暗梁箍筋测点如图 6.25 及图 6.26 所示。图 6.34 和图 6.35 分别为试件 HS-2 和试件 HS-3 各箍筋测点的荷载-应变曲线图（两个构件柱边第一根箍筋加载全过程均处于弹性阶段）。

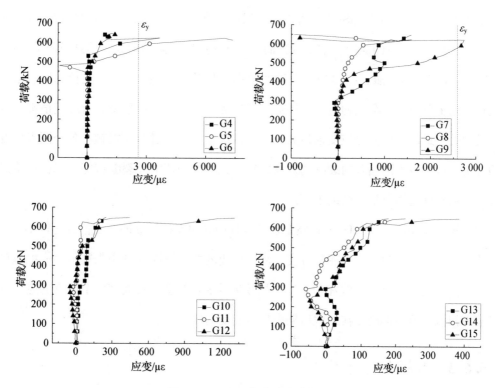

图 6.34　HS—2 箍筋应变发展图

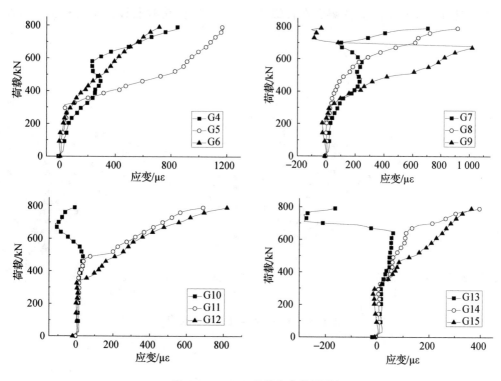

图 6.35　HS—3 箍筋应变发展图

如图6.34所示，试件HS-2柱边外第二根箍筋上的三个测点在加载前期应变发展规律较为一致，后期G4点的应变先增后减，而G5，G6点应变持续增大，达到极限荷载前G4和G5两点都已受拉屈服；在达到极限荷载前第三根箍筋上的G9点已受拉屈服。第四和第五根箍筋上各自3个测点的应变发展规律都较为相似，达到极限荷载时应变值都普遍较小，其中处于最底部的测点应变值最大，往上依次减小。通过对5根箍上各个测点应变发展的分析，可大致推测出环向裂缝的发展路径，最终的冲切临界裂缝应穿过了柱边第二根箍筋的中部和柱边第三根箍筋的下部。

如图6.35所示，试件HS-3在整个加载过程中柱边5根箍筋的应变值普遍较小，达到极限荷载时没有一个测点达到屈服应变。靠近柱边的两根箍筋（图中未展示第一根箍筋的应变发展）应变发展趋势始终相似，而距柱较远的3根箍筋各自底部两个测点的应变发展规律较为相似，但顶部测点在加载后期由拉应变变为压应变。

6.6.3 混凝土应变

混凝土的应变片布置如图6.27所示，经过对混凝土应变数据的采集和整理，分别绘出3个试件在S向和J向上各测点在各级荷载下的应变–荷载曲线，如图6.36~图6.38所示。

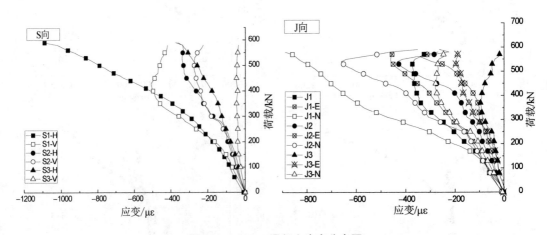

图6.36 HS-1混凝土应变分布图

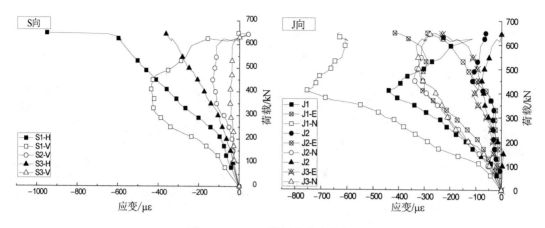

图 6.37   HS-2 混凝土应变分布图

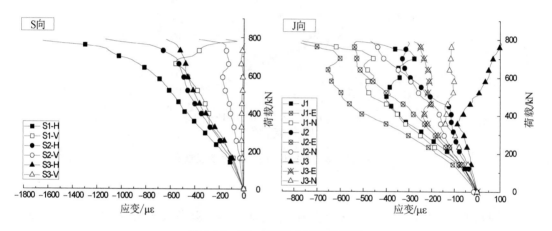

图 6.38   HS-3 混凝土应变分布图

在图 6.36~图 6.38 中，试件板顶混凝土应变分为径向应变（S-V，J-N）、环向应变（S-H，J-E）和板对角线应变（J）。分类观察后可发现同一构件中各测点（包括柱边测点和柱角测点）的径向混凝土应变和环向混凝土应变的发展趋势都有相似的规律。由于构件同一方向的 3 个应变花中，贴在柱边的应变花应变最大，其余两个的应变值相对于第一个都小很多，不具有代表性。因此，选取 S1-H（环向）、S1-V（径向）和 J1（对角线）为代表性位置进行分析，3 个试件在上述 3 个方向上的混凝土应变发展如图 6.39 所示。

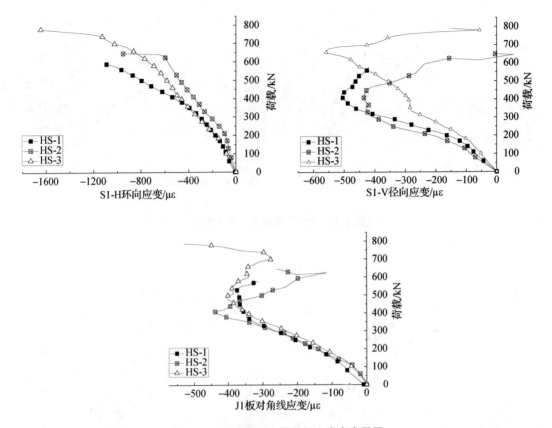

图 6.39　板顶特征位置混凝土应变发展图

如图 6.39 所示，3 个试件在 3 个方向上的混凝土应变随荷载变化的趋势相似。在 S1-H 方向，混凝土应变随荷载增大而增大，达到极限荷载时混凝土应变仍有增大的趋势；在 S1-V 方向，随着荷载的增大，环向裂缝和径向裂缝导致内力重分布，3 个试件在该方向混凝土都表现出明显的卸载过程，且由于 HS-3 的裂缝发育充分，混凝土卸载过程最显著；由于内力重分布及柱角位置应力集中，混凝土应变在 J1 方向的变化规律较为复杂，随着荷载的增大应变先增后减，随后又有所增加。3 个试件中，发生弯曲破坏的试件 HS-3 在以上 3 个方向上的混凝土应变值都是最大的。

总体上看，各试件的环向（S1-H）混凝土应变最大，径向（S1-V）混凝土应变次之，且稍大于板对角线（J1）混凝土应变。显然，由于裂缝发育，按弹性薄板理论[6]，柱边径向弯矩大于切向弯矩（表现为混凝土径向应变大于切向应变）仅在加载前期适用。尤其是根据塑性铰线理论，板柱节点在竖向荷载的作用下形成破坏机构时，塑性铰线将试件分割成数块大小不一的刚体，由于塑性铰线发展，刚体之间存在相互挤压，将导致试件平行于柱边的混凝土应变大于其他方向的混凝土应变，HS-3 的混凝土应变图可以很好地反映该理论。

6.7　试验结果分析

6.7.1　节点破坏类型分析

如表 6.4 所示，空心楼盖板柱节点不同的设置方案可引导结构发生不同的破坏模式。

（1）试件 HS-1 仅设置节点实心区，破坏时板底纵筋全未屈服，冲切锥体冲出前毫无征兆，为脆性冲切破坏，该破坏模式危害极大，工程中应尽量避免。

（2）试件 HS-2 未设置节点实心区，但暗梁配置有箍筋（$\rho_v = 0.177\%$），极限荷载较 HS-1 提高 9.66%，破坏时柱边一定区域内的板底纵筋和箍筋达到屈服，冲切锥体冲出前具有一定的征兆，为脆性的弯冲破坏，节点抗冲切性能得到改善。

（3）试件 HS-3 未设置节点实心区，但暗梁配置有较多箍筋（$\rho_v = 0.628\%$），极限荷载较 HS-1 提高 33.90%，较 HS-2 提高 22.10%。破坏时，板底中心点处挠度仍明显增大，大部分板底纵筋已达屈服但箍筋仍处于弹性阶段，发生了延性的弯曲破坏，节点的抗冲切性能（强度和延性）得到极大改善。

由此可见，从强度角度，暗梁配箍可以取代板柱节点实心区，这给空心内模的排布带来极大便利；从延性角度，通过控制暗梁箍筋数量可以有效地改变板柱节点的破坏类型，使其由脆性的冲切破坏变为延性的弯曲破坏。

6.7.2　实心区对节点抗冲切性能的影响

试验结束后将 HS-1 柱头附近被压碎的混凝土敲掉，观察临界斜裂缝面的发展状况，可发现临界斜裂缝已有一部分发展至空心区域，这说明将节点实心区范围设置为柱截面边缘向外延伸 1.5 倍板厚时，并不能确保临界斜裂缝一定不会超过该区域而向空心区域发展。按照我国《混凝土结构设计规范》（GB 50010—2010）[4] 计算得到的抗冲切承载力为554.78 kN，试验实测抗冲切承载力与规范理论计算值相对误差为 6.35%（|Vcode-Vtest|/Vtest×100%），说明未配置抗冲切筋的空心楼盖极限承载力可参考普通实心板柱节点的理论

计算方法。另外，试验极限荷载值比我国规范计算值大，表明规范公式有一定的安全储备。

6.7.3 暗梁配箍率对节点抗冲切性能的影响

HS-2 与 HS-3 的主要区别在于暗梁配箍率的大小（配箍率分别为 $\rho_v = 0.177\%$ 及 $\rho_v = 0.628\%$）。HS-2 配置的箍筋量较小，箍筋对混凝土的约束能力较弱，最终发生了脆性的弯冲破坏；按照弯剪临界裂缝理论[7]，板柱节点抗冲切能力主要由弯剪复合受力区提供，HS-3 配置的箍筋量较大，箍筋对暗梁区域混凝土产生较大的约束作用，承担了较多的竖向剪力，阻止或延缓了弯剪斜裂缝的发生发展，扩大了柱边顶部剪压区的面积，使混凝土抗压强度得到大幅度提高。同时，箍筋的存在有效地阻止了冲切临界斜裂缝的发展，使结构避免在发生弯曲破坏前先发生冲切破坏，实现了板柱结构的"强冲弱弯"，最终发生弯曲破坏。如表6.4所示，HS-3 的实际极限承载力和破坏时板底中心处的挠度都比 HS-2 大，由此可见，增大暗梁配箍率可有效提高板柱节点的极限承载力和延性。

6.8 本章小结

本章具体阐述了进行现浇混凝土空心楼盖板柱节点抗冲切性能试验的目的，并根据试验目的的要求，按照 1/2 的缩尺比例设计了 3 个现浇混凝土空心楼盖板柱节点试件；同时对节点的抗冲切性能试验方案进行了详细的介绍，主要包括试件的设计以及制作流程、加载装置、加载方案等。基于试验目的的需要，对本试验需要测试的内容以及测点布置等进行了详细的说明；对试验用到的混凝土和钢筋的材性试验结果进行整理分析；详细阐述了试验整个过程，包括裂缝出现位置、裂缝发展情况、构件破坏后的形态、冲切临界斜裂缝的形态、倾角大小等，并记录开裂荷载、极限荷载等数据。随后绘制了各试件板底中心点荷载-位移曲线、钢筋和混凝土关键测点的荷载-应变曲线等，并对各种曲线分布进行分析说明。主要得到以下几点结论。

（1）3 个试件发生了 3 种不同的破坏类型。HS-1 达到极限荷载后承载能力突然下降，发生完全脆性的纯冲切破坏，破坏时板底纵筋全未达到屈服强度；HS-2 达到极限荷载后，在一段时间内仍能维持较高的承载能力，随后荷载突然下降，发生脆性的弯冲破坏，破坏时柱边一定区域内的板底纵筋发生屈服；HS-3 达到极限荷载后承载能力缓慢下降，发生延性的弯曲破坏，破坏时板底中心点处挠度明显增大，大部分板底纵筋已发生屈服。即，通过暗梁配箍可以有效地改变板柱节点的破坏类型，使其由脆性的冲切破坏变为延性的弯曲破坏。

（2）HS-1 临界斜裂缝破坏面平均倾角为 27.78°，意味着按照空心楼盖技术规程[1]设置的实心区未能完全包住临界斜裂缝。

（3）在进行试件设计时，HS-1 和 HS-2 按照相同的抗冲切承载力进行设计，但一个设置实心区，另一个设置暗梁箍筋。实验结果发现，HS-1 发生了完全脆性的纯冲切破坏，而 HS-2 破坏前具有一定的征兆，且极限承载能力稍高于 HS-1。由此可见，在改善节点抗冲切性能方面，配置暗梁箍筋比设置节点实心区效果更好。与 HS-2 相比，HS-3 提高了暗梁配箍率，结果发现 HS-3 的实际极限承载力和达到极限承载力时板底中心处的挠度都比 HS-2 大。由此可见，增大暗梁配箍率可有效提高板柱节点的极限承载力和延性。

（4）未配置抗冲切筋的空心楼盖极限承载力可参考普通实心板柱节点的冲切理论计算方法，但从提高结构可靠度水平出发，建议按冲切破坏面倾角为 30°设置板柱节点实心区，范围为柱截面边缘向外不小于 1.8 倍板厚。

参考文献

［1］现浇混凝土空心楼盖技术规程：JGJ/T268—2012［S］. 北京：中国建筑工业出版社，2012.

［2］混凝土结构试验方法标准：GB/T50152—2012［S］. 北京：中国建筑工业出版社，2012.

［3］普通混凝土力学性能试验方法：GB/T 50081—2002［S］. 北京：中国建筑工业出版社，2002.

［4］混凝土结构设计规范：GB 50010—2010［S］. 北京：中国建筑工业出版社，2010.

［5］金属材料拉伸试验第 1 部分：室温试验方法：GB/ T228.1—2010［S］. 北京：中国标准出版社，2010.

［6］TIMOSHENKO S, WOINOWSKY-KRIEGER S. Theory of plates and shells［M］. 2th ed. New York：McGraw-hill, 1976.

［7］HUANG CHUANTENG, PU SHUANG, DING BINBIN. An analytical punching shear model of RC slab-column connection based on database［J］. Journal of Intelligent & Fuzzy Systems, 2018, 35（1）：469-483.

7　总结及展望

本书针对现浇混凝土空心楼盖结构分析方法及板柱节点冲切性能进行了一些探讨和研究，主要完成的工作及其结论如下。

7.1　关于空心楼盖结构分析方法的主要研究结论

针对直接设计法（见第 3 章），本书考查了具有相同参数的空心楼盖和对照实心楼盖的截面弯矩分布的异同，进而分析了空心率、板格边比、柱跨比、梁板相对抗弯刚度比和边梁抗扭刚度比等 5 个因素对空心楼盖弯矩分布的影响，得到了内板格和端板格各弯矩控制截面的一次弯矩分配系数以及各控制截面内柱上板带板、跨中板带和柱上板带梁的二次弯矩分配系数，并与规程建议的直接设计法系数做了对比，得到了以下主要结论。

（1）空心楼盖与实心楼盖在边计算单元和中计算单元间以及各计算单元内的弯矩分布规律类似，差异主要体现在跨中正弯矩的分配上。

（2）当板格边比不大于 1 以及柱跨比不大于 0.2 时，柱（或柱帽）的尺寸效应对截面弯矩一次分配的影响可以忽略。

（3）规范中直接设计法的分配系数与计算值在部分截面有较大差距，需对柱上板带负弯矩、柱上板带正弯矩、柱上板带梁的弯矩分配作相应调整。根据分析结果，本书最终提出了直接设计法一次弯矩分配系数表（见表 3.2）和二次弯矩分配系数表（见表 3.3）供研究和设计应用。

针对拟板法（见第 4 章），本书分析了剪切变形对空心楼盖箱型构件挠度的影响；依据弹性薄板理论，对比了不同边界条件下多种拟板方法的思路和计算精度；提出了等效实心平板剪切模量的取用方法和实用的考虑剪切变形挠度的修正手段，与构造各向同性和构造各向异性空心楼盖数值计算结果及有机玻璃试验结果进行了对比验证，得到了以下主要结论。

（1）剪切变形对空心楼盖的影响远大于实心楼盖，现有基于抗弯刚度相等的拟板法不能正确反映空心楼盖的剪切变形大小，其挠度计算存在较大误差。

（2）基于"剪切刚度相等"提出了剪切模量取用方法（见式4.39）和建模计算手段。

（3）提出了考虑附加剪切挠度的实用计算方法（见式4.49）。

针对拟梁法（见第5章），本书分析了扭转刚度对交叉梁内力分布的影响；依据多箱室扭转理论，提出了等效拟梁扭转刚度的计算方法，并对实用的空心楼盖拟梁建模手段提出了建议，分别与刚性支撑、柔性支撑及柱支撑情况下空心楼盖数值计算结果进行了对比验证，得到了以下主要结论。

（1）扭转刚度对空心楼盖拟梁法的结果影响显著，现有规程基于抗弯刚度相等的拟梁方法不能正确反映拟梁的扭转刚度。

（2）基于多箱室扭转理论提出了拟梁扭转刚度计算方法（见式（5.21）及式（5.22））。

（3）明确了拟梁建模手段和特殊情况下的建模细节。

7.2 关于空心楼盖板柱节点冲切问题的主要研究结论

针对空心楼盖板柱节点冲切性能试验研究（见第6章），本书在竖向荷载作用下，完成了1个仅有板柱节点实心区和2个仅配置有暗梁箍筋的现浇混凝土空心楼盖内板柱节点的静力试验，测试了柱顶集中荷载、板底中心挠度、钢筋应变及混凝土应变，得到了以下主要结论。

（1）空心楼盖板柱节点与传统无梁楼盖板柱节点具有相似的冲切破坏形态。

（2）设置节点实心区或在暗梁中配置箍筋均可改善抗冲切性能。

（3）配置暗梁箍筋比设置节点实心区在提高抗冲切能力方面效果更好。

（4）通过控制暗梁配箍数量可以有效地改变板柱节点的破坏类型，使其由脆性的冲切破坏转变为延性的弯曲破坏。

（5）未配置抗冲切筋的空心楼盖按照空心楼盖技术规程设置的实心区未能完全包住临界斜裂缝，其极限承载力可参考普通实心板柱节点的冲切理论计算方法，但从提高结构可靠度水平出发，建议按冲切破坏面倾角为30°设置板柱节点实心区，范围为柱截面边缘向外不小于1.8倍板厚。

7.3　后续研究展望

本书对空心楼盖直接设计法、拟板法及拟梁法的研究均为弹性分析，虽然在工程中，正常使用极限状态校核和承载能力极限状态计算均采用结构的弹性内力，但在大震或非线性状态下上述方法是否仍准确、适用，需要在未来做进一步的研究。此外，本书针对空心楼盖抗冲切性能的试验研究数量有限，抗冲切钢筋种类、布置方式、布置数量等因素对空心楼盖板柱节点抗冲切性能的影响还不充分；对空心楼盖冲切性能与实心无梁楼盖冲切性能的异同还缺乏全面、定量的研究；空心楼盖内模的布置方式和数量还有待于通过最优算法进行求解，更进一步符合受力特征、节约材料的楼盖拓扑优化还值得广大研究人员深入研究。

附　　录

A. 全国绿色建筑（评价）政策、标准汇总

A. 1　国家及相关部委对发展绿色建筑的政策导向（2000 年至今）

1.《国务院关于加强节能工作的决定》（国发〔2006〕28 号）

2.《民用建筑节能管理规定》（第 143 号部令）

3.《"十二五"节能减排综合性工作方案》（国发〔2011〕26 号）

4.《节能减排"十二五"规划》（国发〔2012〕40 号）

5.《国务院办公厅关于转发发展改革委住房城乡建设部绿色建筑行动方案的通知》（国办发〔2013〕1 号）

6.《住房城乡建设事业"十三五"规划纲要》

7.《能源发展"十二五"规划》（国发〔2013〕2 号）

8.《加快发展节能环保产业的意见》（国发〔2013〕30 号）

9.《加强城市基础设施建设的意见》（国发〔2013〕36 号）

10.《国家新型城镇化规划（2014—2020 年）》（中发〔2014〕4 号）

11.《国家创新驱动发展战略纲要》（中发〔2016〕4 号）

12.《"十三五"国家科技创新规划》（国发〔2016〕43 号）

13.《关于加快推动我国绿色建筑发展的实施意见》（财建〔2012〕167 号）

14.《"十二五"绿色建筑科技发展专项规划》（国科发计〔2012〕692 号）

15.《"十二五"绿色建筑和绿色生态城区发展规划》（建科〔2013〕53 号）

16.《关于保障性住房实施绿色建筑行动的通知》（建办〔2013〕185 号）

17.《关于在政府投资公益性建筑及大型公共建筑建设中全面推进绿色建筑行动的通知》（建办科〔2014〕39 号）

18.《关于开展"十三五"国家重点研发计划优先启动重点研发任务建议征集工作的

通知》（国科发资［2015］52号）

19.《城市适应气候变化行动方案》（发改气候［2016］245号）

A.2　国家绿色建筑评价标准

1.《绿色建筑评价标准》GB/T50378—2014，2015年1月1日起实施

2.《建筑工程绿色施工评价标准》GB/T50640—2010，2011年10月1日起实施

3.《既有建筑改造绿色评价标准》GB/T51141—2015，2016年8月1日起实施

4.《绿色工业建筑评价标准》GB/T50878—2013，2014年3月1日起实施

5.《绿色办公建筑评价标准》GB/T50908—2013，2014年5月1日起实施

6.《绿色医院建筑评价标准》GB/T51153—2015，2016年8月1日起实施

7.《绿色饭店建筑评价标准》GB/T51165—2016，2016年12月1日起实施

8.《绿色博览建筑评价标准》GB/T51148—2016，2017年2月1日起实施

9.《绿色铁路客站评价标准》TB/T10429—2014，2014年8月1日起实施

10.《绿色校园评价标准》CSUS/GBC04—2013，2013年4月1日起实施

11.《绿色商店建筑评价标准》GB/T51100—2015，2015年12月1日起实施

12.《绿色生态城区评价标准》GB/T51255—2017，2018年4月1日起实施

A.3　国家绿色建筑建设规范

1.《民用建筑绿色设计规范》JGJ/T229—2010，2011年10月1日起实施

2.《建筑工程绿色施工规范》GB/T50905—2014，2014年10月1日起实施

3.《绿色建筑运行维护技术规范》JGJ/T391—2016，2017年6月1日起实施

4.《既有建筑绿色改造技术规程》T/CECS465—2017，2017年6月1日起实施

5.《既有社区绿色化改造技术标准》JGJ/T425—2017，2018年6月1日起实施

6.《民用建筑绿色性能计算标准》JGJ/T449—2018，2018年12月1日起实施

7.《绿色建筑检测技术标准》CSUS/GBC05—2014，2014年7月1日起实施

8.《绿色建筑评价标准应用技术图示》15J904，2015年8月1日起实施

A.4　绿色建筑评价标识制度文件

1.《绿色建筑评价标识管理办法（试行）》，建科［2007］206号

2.《绿色建筑评价标识实施细则（试行修订）》，建科综［2008］61号

3.《绿色建筑评价标识使用规定（试行）》，建科综［2008］61号

4.《绿色建筑评价标识专家委员会工作规程（试行）》，建科综［2008］61号

5. 《绿色建筑设计评价标识申报指南》, 建科综 ［2008］63 号

6. 《绿色建筑评价标识申报指南》, 建科综 ［2008］68 号

7. 《绿色建筑评价标识证明材料要求及清单（住宅）》, 建科综 ［2008］68 号

8. 《绿色建筑评价标识证明材料要求及清单（公建）》, 建科综 ［2008］68 号

9. 《绿色建筑评价技术细则补充说明（规划设计部分）》, 建科 ［2008］113 号

10. 《一二星级绿色建筑评价标识管理办法（试行）》, 建科 ［2009］109 号

11. 《绿色建筑评价技术细则补充说明（运行使用部分）》, 建科函 ［2009］235 号

12. 《关于加强绿色建筑评价标识管理和备案工作的通知》, 建办科 ［2012］47 号

13. 《关于绿色建筑评价标识管理有关工作的通知》, 建办科 ［2015］53 号

14. 《绿色建筑评价技术细则（试行）》, 建科 ［2015］108 号

A.5　绿色建筑建设地方标准

1. 福建省

《福建省绿色建筑评价标准》 DBJ/T13—118—2014, 2014 年 10 月 30 日起实施

《福建省绿色建筑设计标准》 BDJ13—197—2017, 2018 年 1 月 1 日起实施

2. 北京市

《北京市绿色建筑评价标准》 DB11/T825—2015, 2016 年 4 月 1 日起实施

《北京市绿色建筑设计标准》 DB11—938—2012, 2013 年 7 月 1 日起实施

《北京居住建筑节能设计标准》 DB11—891—2012, 2013 年 1 月 1 日起实施

3. 天津市

《天津市绿色建筑评价标准》 DB/T29—204—2015, 2016 年 1 月 1 日起实施

《天津市绿色建筑设计标准》 DB29—205—2015, 2015 年 5 月 1 日起实施

《天津市公共建筑节能设计标准》 DB29—153—2010, 2011 年 1 月 1 日起实施

4. 上海市

《上海市绿色建筑评价标准》 DG/TJ08—2090—2012, 2012 年 3 月 1 日起实施

《上海市公共建筑绿色设计标准》 DGJ08—2143—2014, 2014 年 9 月 1 日起实施

《上海市住宅建筑绿色设计标准》 DGJ08—2139—2014, 2014 年 7 月 1 日起实施

《上海市公共建筑节能设计标准》 DGJ08—107—2012, 2012 年 9 月 1 日起实施

《上海市居住建筑节能设计标准》 DGJ08—205—2015, 2016 年 5 月 1 日起实施

5. 重庆市

《重庆市绿色建筑评价标准》DBJ50/T066—2014，2014 年 11 月 1 日起实施

《重庆市绿色建筑设计标准》DBJ50/T 214—2015，2016 年 7 月 1 日起实施

《重庆市居住建筑节能 65%（绿色建筑）设计标准》DBJ50—071—2016，2016 年 11 月 1 日起实施

《公共建筑节能（绿色建筑）设计标准》DBJ50—052—2016，2016 年 7 月 31 日起实施

6. 广东省

《广东省绿色建筑评价标准》DBJ/T15—83—2017，2017 年 5 月 1 日起实施

《建筑工程绿色施工评价标准》DBJ/T15—97—2013，2013 年 12 月 1 日起实施

7. 河北省

《河北省绿色建筑评价标准》DB13（J）/T113—2015，2016 年 3 月 1 日起实施

8. 河南省

《河南省绿色建筑评价标准》DBJ41/T109—2015，2015 年 3 月 1 日起实施

9. 山西省

《山西省绿色建筑评价标准》DBJ04/T335—2017，2017 年 5 月 1 日起实施

10. 山东省

《山东省绿色建筑评价标准》DB37/T5097—2017，2017 年 10 月 1 日起实施

《山东省绿色建筑设计规范》DB37/T5043—2015，2016 年 1 月 1 日起实施

11. 湖北省

《湖北省绿色建筑评价标准》（试行）2010 年 6 月 1 日

12. 湖南省

《湖南省绿色建筑评价标准》DBJ43/T314—2015，2015 年 12 月 10 日起实施

《湖南省绿色建筑设计标准》DBJ43/T006—2017，2018 年 3 月 1 日起实施

13. 浙江省

《浙江省绿色建筑评价标准》DB33/T1039—2007，2008 年 1 月 1 日起实施

《浙江省绿色建筑设计标准》DB33—1092—2016，2016 年 5 月 1 日起实施

《浙江省居住建筑节能设计标准》DB33—1015—2015，2015 年 11 月 1 日起实施

14. 江苏省

《江苏省绿色建筑评价标准》DGJ32/TJ76—2009，2009 年 4 月 1 日起实施

《江苏省绿色建筑设计标准》DGJ32/J173—2014，2015 年 1 月 1 日起实施

《江苏省公共建筑节能设计标准》DGJ32/J 96—2010，2010 年 3 月 23 日起实施

《江苏省居住建筑热环境和节能设计标准》DGJ32/J71—2008，2009 年 3 月 1 日起实施

15. 江西省

《江西省绿色建筑评价标准》DBJ/T36—029—2016，2016 年 6 月 1 日起实施

《江西省绿色建筑设计标准》DBJ/036—2017，2018 年 3 月 1 日起实施

16. 辽宁省

《辽宁省绿色建筑评价标准》（报批稿）DB21/T2017—2012，2012 年 10 月 1 日起实施

17. 吉林省

《吉林省绿色建筑评价标准》DB22/JT137—2015，2015 年 2 月 12 日起实施

18. 黑龙江

《黑龙江省绿色建筑评价标准》DB 23/T 1642—2015，2015 年 6 月 6 日起实施

19. 陕西省

《陕西省绿色建筑评价标准实施细则》（试行），2010 年 6 月 1 日起实施

《陕西省居住建筑绿色设计标准》DBJ61/T 81—2014，2014 年 4 月 30 日起实施

《陕西省公共建筑绿色设计标准》DBJ 61T 80—2014，2014 年 4 月 30 日起实施

20. 甘肃省

《甘肃省绿色建筑评价标准》DB62/T25—3064—2013，2013 年 8 月 1 日起实施

《甘肃省绿色居住建筑设计标准》DB62/T25—3090—2014，2015 年 4 月 1 日起实施

21. 青海省

《青海省绿色建筑评价标准》DB63/T1110—2015，2015 年 4 月 15 日起实施

《青海省绿色建筑设计标准》DB63/T1340—2015，2015 年 3 月 15 日起实施

22. 四川省

《四川省绿色建筑评价标准》DBJ51/T009—2012，2012 年 12 月 1 日起实施

《四川省绿色建筑设计标准》DBJ51/T—037—2015，2015 年 4 月 1 日起实施

23. 云南省

《云南省绿色建筑评价标准》DBJ53/T—49—2013，2013 年 8 月 1 日起实施

24. 贵州省

《贵州省绿色建筑评价标准》DBJ52/T065—2017，2018 年 2 月 1 日起实施

《贵州省民用建筑绿色设计规范（试行）》BDJ52/T077—2016，2016 年 5 月 1 日起实施

25. 海南省

《海南省绿色建筑评价标准》DBJ46—024—2012，2012 年 8 月 1 日起实施

《海南省住宅建筑节能和绿色设计标准》DBJ46—39—2016，2016 年 8 月 1 日起实施

《海南省既有建筑绿色改造技术标准》DBJ46—046—2017，2017 年 1 月 1 日起实施

26. 安徽省

《安徽省绿色建筑评价标识实施细则（试行）》，建科〔2012〕86 号，2012 年 4 月 28 日起实施

27. 西藏自治区

《西藏自治区民用建筑节能设计标准》DBJ540001—2016，2016 年 5 月 1 日起实施

28. 新疆维吾尔自治区

《新疆维吾尔自治区绿色建筑设计要求和审查要点（试行）》，新建科〔2015〕4 号，2015 年 8 月 5 日起实施

29. 宁夏回族自治区

《宁夏回族自治区绿色建筑评价标准》DB64/T954—2014，2014 年 4 月 1 日起实施

30. 广西壮族自治区

《广西壮族自治区绿色建筑评价标准》DB45/T567—2009，2009 年 2 月 23 日起实施

《广西壮族自治区绿色建筑设计规范》DBJ/T45—049—2017，2017 年 12 月 1 日起实施

31. 内蒙古自治区

《内蒙古自治区绿色建筑评价标准》DBJ03—61—2014，2014 年 9 月 1 日起实施

《内蒙古绿色建筑设计标准》DBJ03—66—2015，2015 年 9 月 1 日起实施

32. 香港特别行政区

《绿色建筑评价标准（香港版）》CSUS/GBC1—2010，2010 年 12 月 1 日起实施

33. 澳门特别行政区

《绿色建筑评价标准（澳门版）》

34. 台湾省

台湾 2004 年起实行绿色建筑法制化

B. 基于 Python 的空心楼盖自动建模及分析程序

```
# - * - coding：cp936 - * -
#####################
#    pre-processing   #
#####################
counter = 1 #计数
l1 = 8.0 #边长
l2 = 8.0 #边长
lmin = min（l1，l2）
ts = 0.05 #顶板厚度
bs = 0.05 #底板厚度
hb = 0.3 #模盒高度
tf = ts+bs+hb #空心楼盖总厚度
wc1 = 0.1 * l1 #柱子边长
wc2 = 0.1 * l2 #柱子边长
n1 = 9 #模盒个数
n2 = 9 #模盒个数
lb = 0.513 #模盒边长
wb1 = 0.322875 #模盒间距（肋梁宽度）
wb2 = 0.322875 #模盒间距（肋梁宽度）
wis1 = 0.8 #实心区宽度
wis2 = 0.8 #实心区宽度
sh = 3.0 #层高
```

```
hib1 = hib2 = 0.4 #内梁净高

heb1 = heb2 = 0.4 #边梁净高

lbx1, lby1 = modf ((n1+1) /2.0)

n11 = lby1

lbx2, lby2 = modf ((n2+1) /2.0)

n22 = lby2

##########

#  part  #

##########

from abaqus import *

from abaqusConstants import *

from math import modf

myViewport = session. Viewport (name =' plateviewport', origin = (0, 0), width = 300,
height = 170)

    session. viewports ['plateviewport'] . makeCurrent ()

    session. viewports ['plateviewport'] . maximize ()

    session. viewports ['Viewport: 1'] . restore ()

myModel = mdb. Model (name =' Plate-% d'% (counter))

if hib1 ! = 0:

        mySketch = myModel. ConstrainedSketch (name =' plateProfile', sheetSize = 30. )

        mySketch. rectangle (point1 = (0, 0), point2 = (wc2, 1.5 * l1+wc1/2) )

        beam1 = myModel. Part (name =' beam1', dimensionality = THREE_ D, type = DE-
FORMABLE_ BODY)

        beam1. BaseSolidExtrude (sketch = mySketch, depth = hib2)

        mySketch = myModel. ConstrainedSketch (name =' plateProfile', sheetSize = 30. )

        mySketch. rectangle (point1 = (0, 0), point2 = (1.5 * l2+wc2/2, wc1) )

        beam2 = myModel. Part (name =' beam2', dimensionality = THREE_ D, type = DE-
FORMABLE_ BODY)
```

beam2. BaseSolidExtrude（sketch=mySketch, depth= hib1）

if heb2！=0：

mySketch = myModel. ConstrainedSketch（name='plateProfile', sheetSize=30. ）

mySketch. rectangle（point1=（0, 0）, point2=（wc2, 1.5 * l1+wc1/2））

beam3 = myModel. Part（name='beam3', dimensionality=THREE_ D, type=DE-FORMABLE_ BODY）

beam3. BaseSolidExtrude（sketch=mySketch, depth= heb2）

mySketch = myModel. ConstrainedSketch（name='plateProfile', sheetSize=30. ）

mySketch. rectangle（point1=（0, 0）, point2=（1.5 * l2+wc2/2, wc1））

beam4 = myModel. Part（name='beam4', dimensionality=THREE_ D, type=DE-FORMABLE_ BODY）

beam4. BaseSolidExtrude（sketch=mySketch, depth= heb1）

mySketch = myModel. ConstrainedSketch（name='plateProfile', sheetSize=30. ）

mySketch. rectangle（point1=（0, 0）, point2=（1.5 * l2+wc2/2, 1.5 * l1+wc1/2））

upsolidPlate=myModel. Part（name='up', dimensionality=THREE_ D, type=DEFORM-ABLE_ BODY）

upsolidPlate. BaseSolidExtrude（sketch=mySketch, depth= ts）

mySketch = myModel. ConstrainedSketch（name='plateProfile', sheetSize=30. ）

mySketch. rectangle（point1=（0, 0）, point2=（1.5 * l2+wc2/2, 1.5 * l1+wc1/2））

lowsolidPlate=myModel. Part（name='low', dimensionality=THREE_ D, type=DE-FORMABLE_ BODY）

lowsolidPlate. BaseSolidExtrude（sketch=mySketch, depth= bs）

mySketch = myModel. ConstrainedSketch（name='plateProfile', sheetSize=30. ）

mySketch. rectangle（point1=（0, 0）, point2=（wc2, wc1））

column1 = myModel. Part（name='column1', dimensionality=THREE_ D, type=DE-FORMABLE_ BODY）

column1. BaseSolidExtrude（sketch=mySketch, depth= sh）

mySketch = myModel. ConstrainedSketch（name='plateProfile', sheetSize=30. ）

```
    mySketch. rectangle (point1 = (0, l1), point2 = (wc2, wc1+l1))

    column2 = myModel. Part (name = 'column2', dimensionality = THREE_ D, type = DE-
FORMABLE_ BODY)

    column2. BaseSolidExtrude (sketch = mySketch, depth = sh)

    mySketch = myModel. ConstrainedSketch (name = 'plateProfile', sheetSize = 30.)

    mySketch. rectangle (point1 = (l2, l1), point2 = (l2+wc2, wc1+l1))

    column3 = myModel. Part (name = 'column3', dimensionality = THREE_ D, type = DE-
FORMABLE_ BODY)

    column3. BaseSolidExtrude (sketch = mySketch, depth = sh)

    mySketch = myModel. ConstrainedSketch (name = 'plateProfile', sheetSize = 30.)

    mySketch. rectangle (point1 = (l2, 0), point2 = (wc2+l2, wc1))

    column4 = myModel. Part (name = 'column4', dimensionality = THREE_ D, type = DE-
FORMABLE_ BODY)

    column4. BaseSolidExtrude (sketch = mySketch, depth = sh)

    mySketch = myModel. ConstrainedSketch (name = 'plateProfile', sheetSize = 30.)

    #由于篇幅有限，此处仅列出最复杂情况（1，2方向模盒数均为奇数）的建模脚本

    if n1%2 = = 1 and n2%2 = = 0：

        mySketch. Line (point1 = (0, 0), point2 = (0, 1.5 * l1+wc1/2))

        mySketch. Line (point1 = (0, 0), point2 = (1.5 * l2+wc2/2, 0))

        mySketch. Line (point1 = (1.5 * l2+wc2/2, 0), point2 = (1.5 * l2+wc2/2, wc1/2
+wis1/2))

        mySketch. Line (point1 = (0, 1.5 * l1+wc1/2), point2 = (wc2/2+wis2/2, 1.5 *
l1+wc1/2))

        # youshang

        for i in range (1, n11)：

            xpoint1 = 1.5 * l2+wc2/2

            ypoint1 = l1+wc1/2+wis1/2+ (i-1) * (lb+wb1)

            xpoint2 = 1.5 * l2+wc2/2-lb/2.0
```

```
ypoint2=l1+wc1/2+wis1/2+ (i-1) * (lb+wb1)
xpoint3=1.5 * l2+wc2/2-lb/2.0
ypoint3=l1+wc1/2+wis1/2+lb+ (i-1) * (lb+wb1)
xpoint4=1.5 * l2+wc2/2
ypoint4=l1+wc1/2+wis1/2+lb+ (i-1) * (lb+wb1)
mySketch. Line (point1= (xpoint1, ypoint1), point2= (xpoint2, ypoint2) )
mySketch. Line (point1= (xpoint2, ypoint2), point2= (xpoint3, ypoint3) )
mySketch. Line (point1= (xpoint3, ypoint3), point2= (xpoint4, ypoint4) )
ifi! = (n11-1):
    mySketch. Line (point1= (xpoint4, ypoint4), point2= (xpoint4, ypoint4
+wb1) )
    else:
        mySketch. Line (point1= (xpoint4, ypoint4), point2= (1.5 * l2+wc2/2,
1.5 * l1+wc1/2-lb/2.0) )
# youxia
for i in range (1, n1):
    xpoint1=1.5 * l2+wc2/2
    ypoint1=wc1/2+wis1/2+ (i-1) * (lb+wb1)
    xpoint2=1.5 * l2+wc2/2-lb/2.0
    ypoint2=wc1/2+wis1/2+ (i-1) * (lb+wb1)
    xpoint3=1.5 * l2+wc2/2-lb/2.0
    ypoint3=wc1/2+wis1/2+lb+ (i-1) * (lb+wb1)
    xpoint4=1.5 * l2+wc2/2
    ypoint4=wc1/2+wis1/2+lb+ (i-1) * (lb+wb1)
    mySketch. Line (point1= (xpoint1, ypoint1), point2= (xpoint2, ypoint2) )
    mySketch. Line (point1= (xpoint2, ypoint2), point2= (xpoint3, ypoint3) )
    mySketch. Line (point1= (xpoint3, ypoint3), point2= (xpoint4, ypoint4) )
    ifi! =n1-1:
        mySketch. Line (point1= (xpoint4, ypoint4), point2= (xpoint4, ypoint4
```

+wb1））

    else：

      mySketch. Line（point1 =（xpoint4，ypoint4），point2 =（1. 5 * l2+wc2/2，wc1/2+l1−wis1/2−lb））

      mySketch. Line（point1 =（1. 5 * l2+wc2/2，wc1/2+l1−wis1/2−lb），\

        point2 =（1. 5 * l2+wc2/2−lb/2. 0，wc1/2+l1−wis1/2−lb））

      mySketch. Line（point1 =（1. 5 * l2+wc2/2−lb/2. 0，wc1/2+l1−wis1/2−lb），\

         point2 =（1. 5 * l2+wc2/2−lb/2. 0，wc1/2+l1−wis1/2））

      mySketch. Line（point1 =（1. 5 * l2 + wc2/2 − lb/2. 0，wc1/2 + l1 − wis1/2），\

          point2 =（1. 5 * l2+wc2/2，wc1/2+l1−wis1/2））

      mySketch. Line（point1 =（1. 5 * l2+wc2/2，wc1/2+l1−wis1/2），\

        point2 =（1. 5 * l2+wc2/2，l1+wc1/2+wis1/2））

   # shangyou

  for i in range（1，n22）：

    xpoint1 = l2+wc2/2+wis2/2+（i−1）*（lb+wb2）

    ypoint1 = 1. 5 * l1+wc1/2. 0

    xpoint2 = l2+wc2/2+wis2/2+（i−1）*（lb+wb2）

    ypoint2 = 1. 5 * l1+wc1/2. 0−lb/2. 0

    xpoint3 = l2+wc2/2+wis2/2+lb+（i−1）*（lb+wb2）

    ypoint3 = 1. 5 * l1+wc1/2. 0−lb/2. 0

    xpoint4 = l2+wc2/2+wis2/2+lb+（i−1）*（lb+wb2）

    ypoint4 = 1. 5 * l1+wc1/2. 0

    mySketch. Line（point1 =（xpoint1，ypoint1），point2 =（xpoint2，ypoint2））

    mySketch. Line（point1 =（xpoint2，ypoint2），point2 =（xpoint3，ypoint3））

    mySketch. Line（point1 =（xpoint3，ypoint3），point2 =（xpoint4，ypoint4））

    ifi! =（n22−1）：

      mySketch. Line（point1 =（xpoint4，ypoint4），point2 =（xpoint4+wb2，

```
ypoint4))
            else：
                mySketch. Line （point1＝（xpoint4, ypoint4）, point2＝（1.5＊l2+wc2/2-
lb/2.0, 1.5＊l1+wc1/2））
        # shangzuo
        for i in range （1, n2）：
            xpoint1＝wc2/2+wis2/2+（i-1） ＊ （lb+wb2）
            ypoint1＝1.5＊l1+wc1/2.0
            xpoint2＝wc2/2+wis2/2+（i-1） ＊ （lb+wb2）
            ypoint2＝1.5＊l1+wc1/2.0-lb/2.0
            xpoint3＝wc2/2+wis2/2+lb+（i-1） ＊ （lb+wb2）
            ypoint3＝1.5＊l1+wc1/2.0-lb/2.0
            xpoint4＝wc2/2+wis2/2+lb+（i-1） ＊ （lb+wb2）
            ypoint4＝1.5＊l1+wc1/2.0
            mySketch. Line （point1＝（xpoint1, ypoint1）, point2＝（xpoint2, ypoint2））
            mySketch. Line （point1＝（xpoint2, ypoint2）, point2＝（xpoint3, ypoint3））
            mySketch. Line （point1＝（xpoint3, ypoint3）, point2＝（xpoint4, ypoint4））
            ifi！ ＝n2-1：
                mySketch. Line （point1＝（xpoint4, ypoint4）, point2＝（xpoint4＋wb2,
ypoint4））
            else：
                mySketch. Line （point1＝（xpoint4, ypoint4）, point2＝（wc2/2+l2-wis2/
2-lb, 1.5＊l1+wc1/2.0））
                mySketch. Line （point1＝（wc2/2+l2-wis2/2-lb, 1.5＊l1+wc1/2.0）, \
                        point2＝（wc2/2+l2-wis2/2-lb, 1.5＊l1+wc1/2.0-lb/2.0））
                mySketch. Line （point1＝（wc2/2+l2-wis2/2-lb, 1.5＊l1+wc1/2.0-lb/
2.0）, \
                        point2＝（wc2/2+l2-wis2/2, 1.5＊l1+wc1/2.0-lb/2.0））
                mySketch. Line （point1＝（wc2/2＋l2-wis2/2, 1.5＊l1＋wc1/2.0-lb/
```

```
2.0), \
                              point2 = (wc2/2+l2-wis2/2, 1.5*l1+wc1/2.0) )
          mySketch. Line (point1 = (wc2/2+l2-wis2/2, 1.5*l1+wc1/2.0), \
                              point2 = (l2+wc2/2+wis2/2, 1.5*l1+wc1/2.0) )
      mySketch. Line (point1 = (1.5*l2+wc2/2, 1.5*l1+wc1/2-lb/2.0), point2 =
(1.5*l2+wc2/2-lb/2.0, 1.5*l1+wc1/2-lb/2.0) )
      mySketch. Line (point1 = (1.5*l2+wc2/2-lb/2.0, 1.5*l1+wc1/2-lb/2.0),
point2 = (1.5*l2+wc2/2-lb/2.0, 1.5*l1+wc1/2) )
      # zuoxia
      for i in range (1, n2):
          xpoint = wc2/2+wis2/2+ (i-1) * (lb+wb2)
          for ii in range (1, n1):
              ypoint = wc1/2+wis1/2+ (ii-1) * (lb+wb1)
                mySketch. rectangle (point1 = (xpoint, ypoint), point2 = (xpoint+lb,
ypoint+lb) )
          mySketch. rectangle (point1 = (wc2/2+wis2/2+ (i-1) * (lb+wb2), wc1/2+
l1-wis1/2), \
      point2 = (wc2/2+wis2/2+ (i-1) * (lb+wb2) +lb, wc1/2+l1-wis1/2-lb) )
      for i in range (1, n1):
          xpoint = wc2/2+l2-wis2/2
          ypoint = wc1/2+wis1/2+ (i-1) * (lb+wb1)
          mySketch. rectangle (point1 = (xpoint, ypoint), point2 = (xpoint-lb, ypoint+
lb) )
      mySketch. rectangle (point1 = (wc2/2+l2-wis2/2, wc1/2+l1-wis1/2), \
      point2 = (wc2/2+l2-wis2/2-lb, wc1/2+l1-wis1/2-lb) )
      # zuoshang
      for i in range (1, n2):
          xpoint = wc2/2+wis2/2+ (i-1) * (lb+wb2)
          for i in range (1, n11):
```

```
            ypoint=l1+wc1/2+wis1/2+ (i-1) * (lb+wb1)

               mySketch. rectangle (point1= (xpoint, ypoint), point2= (xpoint+lb,
ypoint+lb) )
        for i in range (1, n11):
            xpoint=wc2/2+l2-wis2/2
            ypoint=l1+wc1/2+wis1/2+ (i-1) * (lb+wb1)
            mySketch. rectangle (point1= (xpoint, ypoint), point2= (xpoint-lb, ypoint+
lb) )
        # youxia
        for ii in range (1, n22):
            xpoint=l2+wc2/2+wis2/2+ (ii-1) * (lb+wb2)
            for i in range (1, n1):
                ypoint=wc1/2+wis1/2+ (i-1) * (lb+wb1)
                mySketch. rectangle (point1= (xpoint, ypoint), point2= (xpoint+lb,
ypoint+lb) )
                mySketch. rectangle (point1= (l2+wc2/2+wis2/2+ (ii-1) * (lb+wb2),
wc1/2+l1-wis1/2), \
    point2= (l2+wc2/2+wis2/2+ (ii-1) * (lb+wb2) +lb, wc1/2+l1-wis1/2-lb) )
        # youshang
        for i in range (1, n22):
            xpoint=l2+wc2/2+wis2/2+ (i-1) * (lb+wb2)
            for i in range (1, n11):
                ypoint=l1+wc1/2+wis1/2+ (i-1) * (lb+wb1)
                mySketch. rectangle (point1= (xpoint, ypoint), point2= (xpoint+lb,
ypoint+lb) )
        midsolidPlate = myModel. Part (name=' mid', dimensionality=THREE_ D, type=
DEFORMABLE_ BODY)
        midsolidPlate. BaseSolidExtrude (sketch=mySketch, depth= hb)
    ##########
```

```
# property #
##########
myconcrete = myModel. Material ( name =' concrete' )
elasticProperties = ( 2E10, 0. 3 )
myconcrete. Elastic ( table = ( elasticProperties, ) )
mySection = myModel. HomogeneousSolidSection ( name = ' plateSection ', material = '
concrete', thickness = 1. 0 )
region = ( upsolidPlate. cells, )
upsolidPlate. SectionAssignment ( region = region, sectionName =' plateSection' )
region = ( lowsolidPlate. cells, )
lowsolidPlate. SectionAssignment ( region = region, sectionName =' plateSection' )
region = ( midsolidPlate. cells, )
midsolidPlate. SectionAssignment ( region = region, sectionName =' plateSection' )
region = ( column1. cells, )
column1. SectionAssignment ( region = region, sectionName =' plateSection' )
region = ( column2. cells, )
column2. SectionAssignment ( region = region, sectionName =' plateSection' )
region = ( column3. cells, )
column3. SectionAssignment ( region = region, sectionName =' plateSection' )
region = ( column4. cells, )
column4. SectionAssignment ( region = region, sectionName =' plateSection' )
if hib1 ! =0:
    region = ( beam1. cells, )
    beam1. SectionAssignment ( region = region, sectionName =' plateSection' )
    region = ( beam2. cells, )
    beam2. SectionAssignment ( region = region, sectionName =' plateSection' )
if heb2 ! =0:
    region = ( beam3. cells, )
    beam3. SectionAssignment ( region = region, sectionName =' plateSection' )
```

```
        region = (beam4. cells,)
        beam4. SectionAssignment (region=region, sectionName='plateSection')
#############
#assemble   #
#############
myAssembly = myModel. rootAssembly
upInstance = myAssembly. Instance (name='upinstance', part=upsolidPlate, dependent=
OFF)
        midInstance = myAssembly. Instance (name = ' midinstance ', part = midsolidPlate,
dependent=OFF)
        lowInstance = myAssembly. Instance (name = ' lowinstance ', part = lowsolidPlate,
dependent=OFF)
        column1Instance = myAssembly. Instance (name='column1instance', part=column1, de-
pendent=OFF)
        column2Instance = myAssembly. Instance (name='column2instance', part=column2, de-
pendent=OFF)
        column3Instance = myAssembly. Instance (name='column3instance', part=column3, de-
pendent=OFF)
        column4Instance = myAssembly. Instance (name='column4instance', part=column4, de-
pendent=OFF)
        myAssembly. translate (instanceList = ('column1instance', ), vector = (0, 0, - (sh-
tf)))
        myAssembly. translate (instanceList = ('column2instance', ), vector = (0, 0, - (sh-
tf)))
        myAssembly. translate (instanceList = ('column3instance', ), vector = (0, 0, - (sh-
tf)))
        myAssembly. translate (instanceList = ('column4instance', ), vector = (0, 0, - (sh-
tf)))
        if hib1 ! = 0: #neiliang
```

```
        beam1Instance = myAssembly. Instance (name =' beam1instance', part =beam1, de-
pendent =OFF)
        beam2Instance = myAssembly. Instance (name =' beam2instance', part =beam2, de-
pendent =OFF)
        myAssembly. translate (instanceList = (' beam1instance', ), vector = (l2, 0, -
hib2))
        myAssembly. translate (instanceList = (' beam2instance', ), vector = (0, l1, -
hib1))
    if heb2 ! =0: #bianliang
        beam3Instance = myAssembly. Instance (name = ' beam3instance', part = beam3,
dependent =OFF)
        beam4Instance = myAssembly. Instance (name = ' beam4instance', part = beam4,
dependent =OFF)
        myAssembly. translate (instanceList = (' beam3instance', ), vector = (0, 0, -
heb2))
        myAssembly. translate (instanceList = (' beam4instance', ), vector = (0, 0, -
heb1))
    myAssembly. translate (instanceList = (' midinstance', ), vector = (0, 0, bs))
    myAssembly. translate (instanceList = (' upinstance', ), vector = (0, 0, (bs+hb)))
    # merge
    if hib1 ! =0 and heb2 ! =0:
    myAssembly. InstanceFromBooleanMerge (name =' hollowplate', \
    instances = (myAssembly. instances [' lowinstance'], \
            myAssembly. instances [' midinstance'], myAssembly. instances [' upinstance'], \
    myAssembly. instances [' beam1instance'], myAssembly. instances [' beam2instance'], \
    myAssembly. instances [' beam3instance'], myAssembly. instances [' beam4instance'], \
            myAssembly. instances [' column1instance'], myAssembly. instances [' col-
umn2instance'], \
            myAssembly. instances [' column3instance'], myAssembly. instances [' col-
```

```
umn4instance' ],), \
    originalInstances = SUPPRESS, domain = GEOMETRY)
    elif heb2！=0:
    myAssembly. InstanceFromBooleanMerge (name='hollowplate', \
    instances= (myAssembly. instances ['lowinstance'], \
                myAssembly. instances ['midinstance'], myAssembly. instances ['upinstance'], \
    myAssembly. instances ['beam3instance'], myAssembly. instances ['beam4instance'], \
    myAssembly. instances ['column1instance'], myAssembly. instances ['column2instance'], \
                myAssembly. instances ['column3instance'], myAssembly. instances ['col-
umn4instance'],), \
    originalInstances = SUPPRESS, domain = GEOMETRY)
    else:
        myAssembly. InstanceFromBooleanMerge (name='hollowplate', \
    instances= (myAssembly. instances ['lowinstance'], \          myAssembly. instances
['midinstance'], myAssembly. instances ['upinstance'], \
    myAssembly. instances ['column1instance'], myAssembly. instances ['column2instance
'], \
    myAssembly. instances ['column3instance'], myAssembly. instances ['column4instance
'],), \
    originalInstances = SUPPRESS, domain = GEOMETRY)
    myAssembly. makeIndependent (instances= (myAssembly. instances ['hollowplate-1'],))
###########
#step   #
###########
myModel. StaticStep (name='plateLoad', previous='Initial', timePeriod=1. 0, initialInc=
0. 1, description='Uniformpressure')
    mdb. models ['Plate-%d'% (counter)] . fieldOutputRequests ['F-Output-1']
. setValues (variables= ('U', 'S', 'NFORC'))
###########
```

```
#load  #

##########

faceregion41 = myAssembly. instances ['hollowplate-1'] . faces. findAt ((( 1.5*l2+0.5
*wc2, 0.1, 0.5*tf),))

faceregion42 = myAssembly. instances ['hollowplate-1'] . faces. findAt (( (0.1, 1.5*
l1+0.5*wc1, 0.5*tf),))

bcRegion = (faceregion41,)

myModel. XsymmBC (name='BC-1', createStepName='Initial', region = bcRegion)

bcRegion = (faceregion42,)

myModel. YsymmBC (name='BC-2', createStepName='Initial', region = bcRegion)

topFacedatums = (0.5*l2, 0.5*l1, tf)

topFace = myAssembly. instances ['hollowplate-1'] . faces. findAt ((topFacedatums,))

topSurface = ((topFace, SIDE1),)

myModel. Pressure (name='Pressure', createStepName='plateLoad', region=topSurface,
magnitude=15000)

##########

# assemble #

##########

a = mdb. models ['Plate-%d'% (counter) ] . rootAssembly

datums = a. datums

verts1 = a. DatumPointByCoordinate (coords= (0, 0, tf) )

verts2 = a. DatumPointByCoordinate (coords= (0, 0, 0) )

dp1 = a. DatumPointByOffset (point = datums [verts1. id], vector = (wc2/2+wis2/2, 0.0,
0.0) ) #point1

dp2 = a. DatumPointByOffset (point = datums [verts1. id], vector = (wc2/2+0.25*lmin,
0.0, 0.0) ) #point2

dp3 = a. DatumPointByOffset (point = datums [verts1. id], vector = (wc2/2+l2/2, 0.0,
0.0) ) #point3

dp4 = a. DatumPointByOffset (point = datums [verts1. id], vector = (wc2/2+l2-0.25*
```

lmin, 0. 0, 0. 0)) #point4

dp5 = a. DatumPointByOffset (point = datums [verts1. id], vector = (wc2/2 + l2 - wis2/2, 0. 0, 0. 0)) #point5

dp6 = a. DatumPointByOffset (point = datums [verts1. id], vector = (wc2/2 + l2 + wis2/2, 0. 0, 0. 0)) #point6

dp7 = a. DatumPointByOffset (point = datums [verts1. id], vector = (wc2/2 + l2 + 0. 25 * lmin, 0. 0, 0. 0)) #point7

dp8 = a. DatumPointByOffset (point = datums [verts1. id], vector = (0. 0, wc1, 0. 0)) # point8

dp9 = a. DatumPointByOffset (point = datums [verts1. id], vector = (0. 0, wc1/2 + l1/2, 0. 0)) #point9

dp10 = a. DatumPointByOffset (point = datums [verts1. id], vector = (0. 0, l1, 0. 0)) # point10

dp11 = a. DatumPointByOffset (point = datums [verts1. id], vector = (0. 0, wc1 + l1, 0. 0)) #point11

#1 ~ 11 为控制截面定位点

dp12 = a. DatumPointByOffset (point = datums [verts1. id], vector = (wc2, 0. 0, 0. 0)) #point12

##dp13 = a. DatumPointByOffset (point = datums [verts1. id], vector = (l2, 0. 0, 0. 0)) #point13

##dp14 = a. DatumPointByOffset (point = datums [verts1. id], vector = (l2 + wc2, 0. 0, 0. 0)) #point14

dp15 = a. DatumPointByOffset (point = datums [verts1. id], vector = (0. 0, 0. 0, -ts)) # point15

dp16 = a. DatumPointByOffset (point = datums [verts2. id], vector = (0. 0, 0. 0, bs)) # point16

dp17 = a. DatumPointByOffset (point = datums [verts2. id], vector = (0. 0, 0. 0, bs/2. 0)) #point17

dp18 = a. DatumPointByOffset (point = datums [verts1. id], vector = (0. 0, 0. 0, -ts/

2. 0）） #point18

dp19 = a. DatumPointByOffset （point = datums ［verts2. id］, vector = （0. 0, 0. 0, tf/

2. 0）） #point19

dp20 = a. DatumPointByOffset （point = datums ［verts2. id］, vector = （0. 0, 0. 0, bs+hb/

4. 0）） #point20

dp21 = a. DatumPointByOffset （point = datums ［verts2. id］, vector = （0. 0, 0. 0, bs+0. 75

* hb）） #point21

#15~21 为楼盖厚度方向分层定位点, 顶底板各两层, 中间 hb 部分 4 层

axis1 = a. DatumAxisByTwoPoint （point1 = （0, 0, tf）, point2 = （l2, 0, tf）） #x 轴

axis2 = a. DatumAxisByTwoPoint （point1 = （0, 0, tf）, point2 = （0. 0, l1, tf）） #

y 轴

axis3 = a. DatumAxisByTwoPoint （point1 = （0, 0, 0）, point2 = （0. 0, 0. 0, tf）） #

z 轴 （厚度方向）

pickedCells = a. instances ［'hollowplate-1'］ . cells ［:］

a. PartitionCellByPlanePointNormal （point = datums ［dp1. id］, normal = datums

［axis1. id］, cells = pickedCells）

pickedCells = a. instances ［'hollowplate-1'］ . cells ［:］

a. PartitionCellByPlanePointNormal （point = datums ［dp2. id］, normal = datums

［axis1. id］, cells = pickedCells）

pickedCells = a. instances ［'hollowplate-1'］ . cells ［:］

a. PartitionCellByPlanePointNormal （point = datums ［dp3. id］, normal = datums

［axis1. id］, cells = pickedCells）

pickedCells = a. instances ［'hollowplate-1'］ . cells ［:］

a. PartitionCellByPlanePointNormal （point = datums ［dp4. id］, normal = datums

［axis1. id］, cells = pickedCells）

pickedCells = a. instances ［'hollowplate-1'］ . cells ［:］

a. PartitionCellByPlanePointNormal （point = datums ［dp5. id］, normal = datums

［axis1. id］, cells = pickedCells）

pickedCells = a. instances ［'hollowplate-1'］ . cells ［:］

```
    a. PartitionCellByPlanePointNormal ( point = datums [ dp6. id ], normal = datums
[ axis1. id], cells=pickedCells)
    pickedCells =a. instances ['hollowplate-1'] . cells [:]
    a. PartitionCellByPlanePointNormal ( point = datums [ dp7. id ], normal = datums
[ axis1. id], cells=pickedCells)
    pickedCells =a. instances ['hollowplate-1'] . cells [:]
    a. PartitionCellByPlanePointNormal ( point = datums [ dp8. id ], normal = datums
[ axis2. id], cells=pickedCells)
    pickedCells =a. instances ['hollowplate-1'] . cells [:]
    a. PartitionCellByPlanePointNormal ( point = datums [ dp9. id ], normal = datums
[ axis2. id], cells=pickedCells)
    pickedCells =a. instances ['hollowplate-1'] . cells [:]
    a. PartitionCellByPlanePointNormal ( point = datums [ dp10. id ], normal = datums
[ axis2. id], cells=pickedCells)
    pickedCells =a. instances ['hollowplate-1'] . cells [:]
    a. PartitionCellByPlanePointNormal ( point = datums [ dp11. id ], normal = datums
[ axis2. id], cells=pickedCells)
    #facegroup1
    faceregion1 =a. instances ['hollowplate-1'] . faces. findAt ( ( (wc2/2, 1. 5 * l1+wc1/2,
bs/2),) )
    faceregion2 =a. instances ['hollowplate-1'] . faces. findAt ( ( (wc2/2+wis2/2+0. 1, 1. 5
* l1+wc1/2, bs/2),) )
    faceregion3 =a. instances ['hollowplate-1'] . faces. findAt ( ( (l2/2, 1. 5 * l1+wc1/2,
bs/2),) )
    faceregion4 =a. instances ['hollowplate-1'] . faces. findAt ( ( (wc2/2+0. 5 * l2+0. 1,
1. 5 * l1+wc1/2, bs/2),) )
    faceregion5 =a. instances ['hollowplate-1'] . faces. findAt ( ( (wc2/2+l2-0. 25 * lmin+
0. 1, 1. 5 * l1+wc1/2, bs/2),) )
    faceregion6 =a. instances ['hollowplate-1'] . faces. findAt ( ( (l2+wc2/2, 1. 5 * l1+
```

```
wc1/2, bs/2),) )

    faceregion7 = a. instances ['hollowplate-1'] . faces. findAt ( ( (wc2/2+l2+0.25 * lmin-
0.1, 1.5 * l1+wc1/2, bs/2),) )

    faceregion8 = a. instances ['hollowplate-1'] . faces. findAt ( ( (wc2/2+l2+0.25 * lmin+
0.1, 1.5 * l1+wc1/2, bs/2),) )

    #facegroup2
    faceregion9 = a. instances ['hollowplate-1'] . faces. findAt ( ( (wc2/2, l1+wc1, bs/
2),) )

    faceregion10 = a. instances ['hollowplate-1'] . faces. findAt ( ( (wc2/2+wis2/2+0.1, l1+
wc1, bs/2),) )

    faceregion11 = a. instances ['hollowplate-1'] . faces. findAt ( ( (l2/2, l1+wc1, bs/
2),) )

    faceregion12 = a. instances ['hollowplate-1'] . faces. findAt ( ( (wc2/2+0.5 * l2+0.1,
l1+wc1, bs/2),) )

    faceregion13 = a. instances ['hollowplate-1'] . faces. findAt ( ( (wc2/2+l2-0.25 * lmin+
0.1, l1+wc1, bs/2),) )

    faceregion14 = a. instances ['hollowplate-1'] . faces. findAt ( ( (l2+wc2/2, l1+wc1, bs/
2),) )

    faceregion15 = a. instances ['hollowplate-1'] . faces. findAt ( ( (wc2/2+l2+0.25 * lmin-
0.1, l1+wc1, bs/2),) )

    faceregion16 = a. instances ['hollowplate-1'] . faces. findAt ( ( (wc2/2+l2+0.25 * lmin+
0.1, l1+wc1, bs/2),) )

    #facegroup3
    faceregion17 = a. instances ['hollowplate-1'] . faces. findAt ( ( (wc2/2, l1, bs/2),) )
    faceregion18 = a. instances ['hollowplate-1'] . faces. findAt ( ( (wc2/2+wis2/2+0.1, l1,
bs/2),) )

    faceregion19 = a. instances ['hollowplate-1'] . faces. findAt ( ( (l2/2, l1, bs/2),) )
    faceregion20 = a. instances ['hollowplate-1'] . faces. findAt ( ( (wc2/2+0.5 * l2+0.1,
l1, bs/2),) )
```

faceregion21 = a. instances ['hollowplate-1'] . faces. findAt (((wc2/2+l2-0. 25 * lmin+ 0. 1, l1, bs/2),))

faceregion22 = a. instances ['hollowplate-1'] . faces. findAt (((l2+wc2/2, l1, bs/ 2),))

faceregion23 = a. instances ['hollowplate-1'] . faces. findAt (((wc2/2+l2+0. 25 * lmin- 0. 1, l1, bs/2),))

faceregion24 = a. instances ['hollowplate-1'] . faces. findAt (((wc2/2+l2+0. 25 * lmin+ 0. 1, l1, bs/2),))

#facegroup4

faceregion25 = a. instances ['hollowplate-1'] . faces. findAt (((wc2/2, l1/2+wc1/2, bs/2),))

faceregion26 = a. instances ['hollowplate-1'] . faces. findAt (((wc2/2+wis2/2+0. 1, l1/ 2+wc1/2, bs/2),))

faceregion27 = a. instances ['hollowplate-1'] . faces. findAt (((l2/2, l1/2+wc1/2, bs/ 2),))

faceregion28 = a. instances ['hollowplate-1'] . faces. findAt (((wc2/2+0. 5 * l2+0. 1, l1/2+wc1/2, bs/2),))

faceregion29 = a. instances ['hollowplate-1'] . faces. findAt (((wc2/2+l2-0. 25 * lmin+ 0. 1, l1/2+wc1/2, bs/2),))

faceregion30 = a. instances ['hollowplate-1'] . faces. findAt (((l2+wc2/2, l1/2+wc1/ 2, bs/2),))

faceregion31 = a. instances ['hollowplate-1'] . faces. findAt (((wc2/2+l2+0. 25 * lmin- 0. 1, l1/2+wc1/2, bs/2),))

faceregion32 = a. instances ['hollowplate-1'] . faces. findAt (((wc2/2+l2+0. 25 * lmin+ 0. 1, l1/2+wc1/2, bs/2),))

#facegroup5

faceregion33 = a. instances ['hollowplate-1'] . faces. findAt (((wc2/2, wc1, bs/ 2),))

faceregion34 = a. instances ['hollowplate-1'] . faces. findAt (((wc2/2+wis2/2+0. 1, wc1，bs/2)，))

    faceregion35 = a. instances ['hollowplate-1']. faces. findAt (((l2/2，wc1，bs/2)，))

    faceregion36 = a. instances ['hollowplate-1']. faces. findAt (((wc2/2+0.5 * l2+0.1，wc1，bs/2)，))

    faceregion37 = a. instances ['hollowplate-1']. faces. findAt (((wc2/2+l2-0.25 * lmin+0.1，wc1，bs/2)，))

    faceregion38 = a. instances ['hollowplate-1']. faces. findAt (((l2+wc2/2，wc1，bs/2)，))

    faceregion39 = a. instances ['hollowplate-1']. faces. findAt (((wc2/2+l2+0.25 * lmin-0.1，wc1，bs/2)，))

    faceregion40 = a. instances ['hollowplate-1']. faces. findAt (((wc2/2+l2+0.25 * lmin+0.1，wc1，bs/2)，))

    #creat the surface
    #SURfacegroup1
    mysurface = a. Surface (name='NZB1'，side1Faces = (faceregion1))
    mysurface = a. Surface (name='NZCS1'，side1Faces = (faceregion1+faceregion2))
    mysurface = a. Surface (name='NZMS'，side1Faces = (faceregion3))
    mysurface = a. Surface (name='NZB2'，side1Faces = (faceregion6))
    mysurface = a. Surface (name = 'NZCS2'，side1Faces = (faceregion5 + faceregion6 + faceregion7))
    mysurface = a. Surface (name='NZMSL'，side1Faces = (faceregion4))
    mysurface = a. Surface (name='NZMSR'，side1Faces = (faceregion8))
    #SURfacegroup2
    mysurface = a. Surface (name='NFB1'，side1Faces = (faceregion9))
    mysurface = a. Surface (name='NFCS1'，side1Faces = (faceregion9+faceregion10))
    mysurface = a. Surface (name='NFMS'，side1Faces = (faceregion11))
    mysurface = a. Surface (name='NFB2'，side1Faces = (faceregion14))
    mysurface = a. Surface (name='NFCS2'，side1Faces = (faceregion13+faceregion14+faceregion15))

```
mysurface =a. Surface （name ='NFMSL', side1Faces = （faceregion12） ）

mysurface =a. Surface （name ='NFMSR', side1Faces = （faceregion16） ）

#SURfacegroup3

mysurface =a. Surface （name ='DNFB1', side1Faces = （faceregion17） ）

mysurface =a. Surface （name ='DNFCS1', side1Faces = （faceregion17+faceregion18） ）

mysurface =a. Surface （name ='DNFMS', side1Faces = （faceregion19） ）

mysurface =a. Surface （name ='DNFB2', side1Faces = （faceregion22） ）

mysurface =a. Surface （name ='DNFCS2', side1Faces = （faceregion21+faceregion22+fac-
eregion23） ）

mysurface =a. Surface （name ='DNFMSL', side1Faces = （faceregion20） ）

mysurface =a. Surface （name ='DNFMSR', side1Faces = （faceregion24） ）

#SURfacegroup4

mysurface =a. Surface （name ='DZB1', side1Faces = （faceregion25） ）

mysurface =a. Surface （name ='DZCS1', side1Faces = （faceregion25+faceregion26） ）

mysurface =a. Surface （name ='DZMS', side1Faces = （faceregion27） ）

mysurface =a. Surface （name ='DZB2', side1Faces = （faceregion30） ）

mysurface =a. Surface （name ='DZCS2', side1Faces = （faceregion29+faceregion30+face-
region31） ）

mysurface =a. Surface （name ='DZMSL', side1Faces = （faceregion28） ）

mysurface =a. Surface （name ='DZMSR', side1Faces = （faceregion32） ）

#SURfacegroup5

mysurface =a. Surface （name ='DWFB1', side1Faces = （faceregion33） ）

mysurface =a. Surface （name ='DWFCS1', side1Faces = （faceregion33+faceregion34） ）

mysurface =a. Surface （name ='DWFMS', side1Faces = （faceregion35） ）

mysurface =a. Surface （name ='DWFB2', side1Faces = （faceregion38） ）

mysurface =a. Surface （name ='DWFCS2', side1Faces = （faceregion37+faceregion38+fac-
eregion39） ）

mysurface =a. Surface （name ='DWFMSL', side1Faces = （faceregion36） ）

mysurface =a. Surface （name ='DWFMSR', side1Faces = （faceregion40） ）
```

```
##########
#load   #
##########
faceregion43 = myAssembly. instances ['hollowplate-1']. faces. findAt (((wc2/2, wc1/
2, tf-sh),) )
faceregion44 = myAssembly. instances ['hollowplate-1']. faces. findAt ( ((wc2/2+l2,
wc1/2, tf-sh),) )
faceregion45 = myAssembly. instances ['hollowplate-1']. faces. findAt ( ((wc2/2+l2,
wc1/2+l1, tf-sh),) )
faceregion46 = myAssembly. instances ['hollowplate-1']. faces. findAt (((wc2/2, wc1/
2+l1, tf-sh),) )
bcRegion = (faceregion43+faceregion44+faceregion45+faceregion46,)
myModel. EncastreBC (name='BC-3', createStepName='Initial', region = bcRegion)
##########
#assemble#
##########
pickedCells =a. instances ['hollowplate-1']. cells [:]
a. PartitionCellByPlanePointNormal (point = datums [dp15. id], normal = datums
[axis3. id], cells=pickedCells)
pickedCells =a. instances ['hollowplate-1']. cells [:]
a. PartitionCellByPlanePointNormal (point = datums [dp16. id], normal = datums
[axis3. id], cells=pickedCells)
pickedCells =a. instances ['hollowplate-1']. cells [:]
a. PartitionCellByPlanePointNormal (point = datums [dp17. id], normal = datums
[axis3. id], cells=pickedCells)
pickedCells =a. instances ['hollowplate-1']. cells [:]
a. PartitionCellByPlanePointNormal (point = datums [dp18. id], normal = datums
[axis3. id], cells=pickedCells)
pickedCells =a. instances ['hollowplate-1']. cells [:]
```

```
    a. PartitionCellByPlanePointNormal（point = datums［dp19. id］, normal = datums
［axis3. id］, cells＝pickedCells）
    pickedCells＝a. instances［'hollowplate-1'］. cells［:］
    a. PartitionCellByPlanePointNormal（point = datums［dp20. id］, normal = datums
［axis3. id］, cells＝pickedCells）
    pickedCells＝a. instances［'hollowplate-1'］. cells［:］
    a. PartitionCellByPlanePointNormal（point = datums［dp21. id］, normal = datums
［axis3. id］, cells＝pickedCells）
    #以下为 mesh 做准备，纵横向剖分
    #l1 方向
    for i in range（1, n2）：
        if i＝＝1：
            vertsi ＝a. DatumPointByCoordinate（coords＝（wc2/2+wis2/2+lb, wc1/2+wis1/
2, bs+hb））
            pickedCells ＝a. instances［'hollowplate-1'］. cells［:］
    a. PartitionCellByPlanePointNormal（point = datums［vertsi. id］, normal = datums
［axis1. id］, cells＝pickedCells）
            vertsi ＝ a. DatumPointByCoordinate（coords ＝（wc2/2＋wis2/2＋lb＋wb2/2. 0,
wc1/2+wis1/2, bs+hb））
            pickedCells ＝a. instances［'hollowplate-1'］. cells［:］
    a. PartitionCellByPlanePointNormal（point = datums［vertsi. id］, normal = datums
［axis1. id］, cells＝pickedCells）
        else：
            verts1x ＝ wc2/2+wis2/2+（i-1）＊（lb+wb2）
            verts2x ＝ wc2/2+wis2/2+（i-1）＊（lb+wb2）+lb
            verts3x ＝ wc2/2+wis2/2+（i-1）＊（lb+wb2）+lb+wb2/2. 0
            while（verts1x-（wc2/2+0. 25＊lmin））＊（verts1x-（wc2/2+l2-0. 25＊
lmin））＊（verts1x-（wc2/2+l2/2））！＝0：
                vertsi ＝a. DatumPointByCoordinate（coords＝（verts1x, wc1/2+wis1/2, bs+
```

```
hb))
                    pickedCells =a. instances ['hollowplate-1'].cells [:]
    a. PartitionCellByPlanePointNormal (point = datums [vertsi. id], normal = datums
[axis1. id], \
    cells =pickedCells)
            break
        while (verts2x- (wc2/2+0. 25 * lmin)) * (verts2x- (wc2/2+l2-0. 25 *
lmin)) * (verts2x- (wc2/2+l2/2))! =0:
            vertsi =a. DatumPointByCoordinate (coords= (verts2x, wc1/2+wis1/2, bs+
hb))
                    pickedCells =a. instances ['hollowplate-1'].cells [:]
    a. PartitionCellByPlanePointNormal (point = datums [vertsi. id], normal = datums
[axis1. id], \
    cells =pickedCells)
            break
        while (verts3x- (wc2/2+0. 25 * lmin)) * (verts3x- (wc2/2+l2-0. 25 *
lmin)) * (verts3x- (wc2/2+l2/2))! =0:
            vertsi =a. DatumPointByCoordinate (coords= (verts3x, wc1/2+wis1/2, bs+
hb))
                    pickedCells =a. instances ['hollowplate-1'].cells [:]
    a. PartitionCellByPlanePointNormal (point = datums [vertsi. id], normal = datums
[axis1. id], \
    cells =pickedCells)
            break
    vertsi =a. DatumPointByCoordinate (coords= (wc2/2+l2-wis2/2-lb, wc1/2+wis1/2, bs+
hb))
    pickedCells =a. instances ['hollowplate-1'].cells [:]
    a. PartitionCellByPlanePointNormal (point = datums [vertsi. id], normal = datums
[axis1. id], cells =pickedCells)
```

```
    while lbx2 = = 0. 0: #means n2 is odd
        for ii in range (1, n22):
            if ii = = 1:
                vertsi = a. DatumPointByCoordinate (coords = (wc2/2+l2+wis2/2+lb, wc1/
2+wis1/2, bs+hb) )
                pickedCells = a. instances ['hollowplate-1'] . cells [:]
    a. PartitionCellByPlanePointNormal (point = datums [vertsi. id], normal = datums
[axis1. id], \
    cells = pickedCells)
                vertsi = a. DatumPointByCoordinate (coords = (wc2/2+l2+wis2/2+lb+wb2/
2. 0, wc1/2+wis1/2, bs+hb) )
                pickedCells = a. instances ['hollowplate-1'] . cells [:]
    a. PartitionCellByPlanePointNormal (point = datums [vertsi. id], normal = datums
[axis1. id], \
    cells = pickedCells)
            else:
                verts1x = wc2/2+l2+wis2/2+ (ii-1) * (lb+wb2)
                verts2x = wc2/2+l2+wis2/2+ (ii-1) * (lb+wb2) +lb
                verts3x = wc2/2+l2+wis2/2+ (ii-1) * (lb+wb2) +lb+wb2/2. 0
                while (verts1x- (wc2/2+l2+0. 25 * lmin) )! = 0:
                    vertsi = a. DatumPointByCoordinate (coords = (verts1x, wc1/2+wis1/
2, bs+hb) )
                    pickedCells = a. instances ['hollowplate-1'] . cells [:]
    a. PartitionCellByPlanePointNormal (point = datums [vertsi. id], normal = datums
[axis1. id], \
    cells = pickedCells)
                    break
                while (verts2x- (wc2/2+l2+0. 25 * lmin) )! = 0:
                    vertsi = a. DatumPointByCoordinate (coords = (verts2x, wc1/2+wis1/
```

```
2, bs+hb) )
                              pickedCells =a. instances ['hollowplate-1'] .cells [:]
      a. PartitionCellByPlanePointNormal (point = datums [vertsi. id], normal = datums
[axis1. id], \
        cells =pickedCells)
                        break
                  while (verts3x- (wc2/2+l2+0. 25 * lmin) )! =0:
                        vertsi = a. DatumPointByCoordinate (coords = (verts3x, wc1/2+wis1/
2, bs+hb) )
                              pickedCells =a. instances ['hollowplate-1'] .cells [:]
      a. PartitionCellByPlanePointNormal (point = datums [vertsi. id], normal = datums
[axis1. id], \
        cells =pickedCells)
                        break
        vertsi =a. DatumPointByCoordinate (coords = (wc2/2+1. 5 * l2-lb/2, wc1/2+wis1/
2, bs+hb) )
              pickedCells =a. instances ['hollowplate-1'] .cells [:]
      a. PartitionCellByPlanePointNormal (point = datums [vertsi. id], normal = datums
[axis1. id], cells =pickedCells)
        lbx2+ =0. 1
    while lbx2 = =0. 5: #means n2 is even
        for rr in range (1, n22):
            if rr= =1:
                vertsi =a. DatumPointByCoordinate (coords= (wc2/2+l2+wis2/2+lb, wc1/
2+wis1/2, bs+hb) )
                    pickedCells =a. instances ['hollowplate-1'] .cells [:]
      a. PartitionCellByPlanePointNormal (point = datums [vertsi. id], normal = datums
[axis1. id], \
        cells =pickedCells)
```

```
                    vertsi =a. DatumPointByCoordinate（coords = （wc2/2+l2+wis2/2+lb+wb2/
2. 0, wc1/2+wis1/2, bs+hb））

                    pickedCells =a. instances ['hollowplate-1'] . cells [:]
    a. PartitionCellByPlanePointNormal （point = datums [vertsi. id], normal = datums
[axis1. id], \
    cells=pickedCells)

            else:

                    verts1x = wc2/2+l2+wis2/2+ （rr-1） * （lb+wb2）
                    verts2x = wc2/2+l2+wis2/2+ （rr-1） * （lb+wb2） +lb
                    verts3x = wc2/2+l2+wis2/2+ （rr-1） * （lb+wb2） +lb+wb2/2. 0
                    while （verts1x- （wc2/2+l2+0. 25 * lmin））! =0:
                            vertsi =a. DatumPointByCoordinate （coords = （verts1x, wc1/2+wis1/
2, bs+hb））

                        pickedCells =a. instances ['hollowplate-1'] . cells [:]
    a. PartitionCellByPlanePointNormal （point = datums [vertsi. id], normal = datums
[axis1. id], \
    cells=pickedCells)

                        break
                    while （verts2x- （wc2/2+l2+0. 25 * lmin））! =0:
                            vertsi =a. DatumPointByCoordinate （coords = （verts2x, wc1/2+wis1/
2, bs+hb））

                        pickedCells =a. instances ['hollowplate-1'] . cells [:]
    a. PartitionCellByPlanePointNormal （point = datums [vertsi. id], normal = datums
[axis1. id], \
    cells=pickedCells)

                        break
                    while （verts3x- （wc2/2+l2+0. 25 * lmin））! =0:
                            vertsi =a. DatumPointByCoordinate （coords = （verts3x, wc1/2+wis1/
2, bs+hb））
```

```
            pickedCells = a. instances ['hollowplate-1'] . cells [:]
    a. PartitionCellByPlanePointNormal (point = datums [vertsi. id], normal = datums
[axis1. id], \
    cells = pickedCells)
                        break
        vertsi = a. DatumPointByCoordinate (coords = (wc2/2. 0+1. 5 * l2-wb2/2. 0, wc1/2
+wis1/2, bs+hb))
        pickedCells = a. instances ['hollowplate-1'] . cells [:]
    a. PartitionCellByPlanePointNormal (point = datums [vertsi. id], normal = datums
[axis1. id], cells = pickedCells)
        vertsi = a. DatumPointByCoordinate (coords = (wc2/2. 0+1. 5 * l2-wb2/4. 0, wc1/2
+wis1/2, bs+hb))
        pickedCells = a. instances ['hollowplate-1'] . cells [:]
    a. PartitionCellByPlanePointNormal (point = datums [vertsi. id], normal = datums
[axis1. id], cells = pickedCells)
        vertsi = a. DatumPointByCoordinate (coords = (wc2/2. 0 + 1. 5 * l2 - wb2/2. 0 - lb,
wc1/2+wis1/2, bs+hb))
        pickedCells = a. instances ['hollowplate-1'] . cells [:]
    a. PartitionCellByPlanePointNormal (point = datums [vertsi. id], normal = datums
[axis1. id], cells = pickedCells)
        lbx2+ = 0. 1
    #l2 方向
    for i in range (1, n1):
        if i = = 1 :
            vertsi = a. DatumPointByCoordinate (coords = (wc2/2+wis2/2, wc1/2+wis1/2+
lb, bs+hb))
            pickedCells = a. instances ['hollowplate-1'] . cells [:]
    a. PartitionCellByPlanePointNormal (point = datums [vertsi. id], normal = datums
[axis2. id], cells = pickedCells)
```

```
            vertsi =a. DatumPointByCoordinate (coords= (wc2/2+wis2/2, wc1/2+wis1/2+
lb+wb1/2. 0, bs+hb) )
            pickedCells =a. instances ['hollowplate-1'] . cells [:]
    a. PartitionCellByPlanePointNormal ( point = datums [ vertsi. id ], normal = datums
[axis2. id], cells=pickedCells)
        else:
            verts1y = wc1/2+wis1/2+ (i-1) * (lb+wb1)
            verts2y = wc1/2+wis1/2+ (i-1) * (lb+wb1) +lb
            verts3y = wc1/2+wis1/2+ (i-1) * (lb+wb1) +lb+wb1/2. 0
            while (verts1y- (wc1/2+l1/2. 0) )! =0:
                vertsi =a. DatumPointByCoordinate (coords= (wc2/2+wis2/2, verts1y, bs+
hb) )
                pickedCells =a. instances ['hollowplate-1'] . cells [:]
    a. PartitionCellByPlanePointNormal ( point = datums [ vertsi. id ], normal = datums
[axis2. id], \
    cells=pickedCells)
                break
            while (verts2y- (wc1/2+l1/2. 0) )! =0:
                vertsi =a. DatumPointByCoordinate (coords= (wc2/2+wis2/2, verts2y, bs+
hb) )
                pickedCells =a. instances ['hollowplate-1'] . cells [:]
    a. PartitionCellByPlanePointNormal ( point = datums [ vertsi. id ], normal = datums
[axis2. id], \
    cells=pickedCells)
                break
            while (verts3y- (wc1/2+l1/2. 0) )! =0:
                print verts3y, wc1/2+l1/2. 0
                vertsi =a. DatumPointByCoordinate (coords= (wc2/2+wis2/2, verts3y, bs+
hb) )
```

```
                pickedCells =a. instances ['hollowplate-1'] . cells [:]
    a. PartitionCellByPlanePointNormal ( point = datums [ vertsi. id ], normal = datums
[axis2. id], \
    cells =pickedCells)
                break
    vertsi =a. DatumPointByCoordinate (coords = (wc2/2+wis2/2, wc1/2+l1-wis1/2-lb, bs+
hb) )
    pickedCells =a. instances ['hollowplate-1'] . cells [:]
    a. PartitionCellByPlanePointNormal ( point = datums [ vertsi. id ], normal = datums
[axis2. id], cells =pickedCells)
    while lbx1 = =0. 0: #means n1 is odd
        for ii in range (1, n11):
            if ii = =1:
                vertsi =a. DatumPointByCoordinate (coords = (wc2/2+wis2/2, wc1/2+l1+
wis1/2+lb, bs+hb) )
                pickedCells =a. instances ['hollowplate-1'] . cells [:]
    a. PartitionCellByPlanePointNormal ( point = datums [ vertsi. id ], normal = datums
[axis2. id], \
    cells =pickedCells)
                vertsi =a. DatumPointByCoordinate (coords = (wc2/2+wis2/2, wc1/2+l1+
wis1/2+lb+wb1/2. 0, bs+hb) )
                pickedCells =a. instances ['hollowplate-1'] . cells [:]
    a. PartitionCellByPlanePointNormal ( point = datums [ vertsi. id ], normal = datums
[axis2. id], \
    cells =pickedCells)
            else:
                verts1y = wc1/2+l1+wis1/2+ (ii-1) * (lb+wb1)
                verts2y = wc1/2+l1+wis1/2+ (ii-1) * (lb+wb1) +lb
                verts3y = wc1/2+l1+wis1/2+ (ii-1) * (lb+wb1) +lb+wb1/2. 0
```

```
                vertsi =a. DatumPointByCoordinate (coords = (wc2/2+wis2/2, verts1y, bs+
hb) )
                pickedCells =a. instances ['hollowplate-1'] . cells [:]
    a. PartitionCellByPlanePointNormal ( point = datums [ vertsi. id ], normal = datums
[axis2. id], \
    cells=pickedCells)
                vertsi =a. DatumPointByCoordinate (coords = (wc2/2+wis2/2, verts2y, bs+
hb) )
                pickedCells =a. instances ['hollowplate-1'] . cells [:]
    a. PartitionCellByPlanePointNormal ( point = datums [ vertsi. id ], normal = datums
[axis2. id], \
    cells=pickedCells)
                vertsi =a. DatumPointByCoordinate (coords = (wc2/2+wis2/2, verts3y, bs+
hb) )
                pickedCells =a. instances ['hollowplate-1'] . cells [:]
    a. PartitionCellByPlanePointNormal ( point = datums [ vertsi. id ], normal = datums
[axis2. id], \
    cells=pickedCells)
        vertsi =a. DatumPointByCoordinate (coords = (wc2/2+wis2/2, wc1/2+1. 5 * l1 -lb/
2, bs+hb) )
            pickedCells =a. instances ['hollowplate-1'] . cells [:]
    a. PartitionCellByPlanePointNormal ( point = datums [ vertsi. id ], normal = datums
[axis2. id], cells=pickedCells)
        lbx1+=0. 1
    while lbx1= = 0. 5: #means n1 is even
        for rr in range (1, n11):
            if rr= = 1:
                vertsi =a. DatumPointByCoordinate (coords = (wc2/2+wis2/2, wc1/2+l1+
wis1/2+lb, bs+hb) )
```

```
                pickedCells =a. instances ['hollowplate-1'] . cells [:]
    a. PartitionCellByPlanePointNormal ( point = datums [ vertsi. id ], normal = datums
[axis2. id], \
    cells =pickedCells)
                vertsi = a. DatumPointByCoordinate (coords = ( wc2/2+wis2/2, wc1/2+l1+
wis1/2+lb+wb1/2.0, bs+hb))
                pickedCells =a. instances ['hollowplate-1'] . cells [:]
    a. PartitionCellByPlanePointNormal ( point = datums [ vertsi. id ], normal = datums
[axis2. id], \
    cells =pickedCells)
            else:
                verts1y = wc1/2+l1+wis1/2+ ( rr-1) * (lb+wb1)
                verts2y = wc1/2+l1+wis1/2+ ( rr-1) * (lb+wb1) +lb
                verts3y = wc1/2+l1+wis1/2+ ( rr-1) * (lb+wb1) +lb+wb1/2.0
                vertsi = a. DatumPointByCoordinate (coords = ( wc2/2+wis2/2, verts1y, bs+
hb))
                pickedCells =a. instances ['hollowplate-1'] . cells [:]
    a. PartitionCellByPlanePointNormal ( point = datums [ vertsi. id ], normal = datums
[axis2. id], \
    cells =pickedCells)
                vertsi = a. DatumPointByCoordinate (coords = ( wc2/2+wis2/2, verts2y, bs+
hb))
                pickedCells =a. instances ['hollowplate-1'] . cells [:]
    a. PartitionCellByPlanePointNormal ( point = datums [ vertsi. id ], normal = datums
[axis2. id], \
    cells =pickedCells)
                vertsi = a. DatumPointByCoordinate (coords = ( wc2/2+wis2/2, verts3y, bs+
hb))
                pickedCells =a. instances ['hollowplate-1'] . cells [:]
```

```
    a. PartitionCellByPlanePointNormal （ point = datums ［ vertsi. id ］, normal = datums
［axis2. id］, \
    cells = pickedCells）
        vertsi = a. DatumPointByCoordinate （coords = （wc2/2+wis2/2, wc1/2. 0+1. 5 * l1-
wb1/2. 0, bs+hb） ）
        pickedCells = a. instances ［'hollowplate-1'］. cells ［:］
    a. PartitionCellByPlanePointNormal （ point = datums ［ vertsi. id ］, normal = datums
［axis2. id］, cells = pickedCells）
        vertsi = a. DatumPointByCoordinate （coords = （wc2/2+wis2/2, wc1/2. 0+1. 5 * l1-
wb1/4. 0, bs+hb） ）
        pickedCells = a. instances ［'hollowplate-1'］. cells ［:］
    a. PartitionCellByPlanePointNormal （ point = datums ［ vertsi. id ］, normal = datums
［axis2. id］, cells = pickedCells）
        vertsi = a. DatumPointByCoordinate （coords = （wc2/2+wis2/2, wc1/2. 0+1. 5 * l1-
wb1/2. 0-lb, bs+hb） ）
        pickedCells = a. instances ［'hollowplate-1'］. cells ［:］
    a. PartitionCellByPlanePointNormal （ point = datums ［ vertsi. id ］, normal = datums
［axis2. id］, cells = pickedCells）
        lbx1+ = 0. 1
    vertsi = a. DatumPointByCoordinate （coords = （0, 0, 0） ）
    pickedCells = a. instances ［'hollowplate-1'］. cells ［:］
    a. PartitionCellByPlanePointNormal （ point = datums ［ vertsi. id ］, normal = datums
［axis3. id］, cells = pickedCells）
    if hib1 * heb2 ! = 0 and hib1-heb2 = = 0:
        vertsi = a. DatumPointByCoordinate （coords = （0, 0, - （hib1+tf） ） ）
        pickedCells = a. instances ［'hollowplate-1'］. cells ［:］
    a. PartitionCellByPlanePointNormal （ point = datums ［ vertsi. id ］, normal = datums
［axis3. id］, cells = pickedCells）
    if hib1 * heb2 ! = 0 and hib1-heb2 ! = 0:
```

vertsi = a. DatumPointByCoordinate（coords=（0, 0, −（heb2+tf）））

pickedCells = a. instances ['hollowplate−1'] . cells [:]

a. PartitionCellByPlanePointNormal （point = datums [vertsi. id], normal = datums [axis3. id], cells=pickedCells）

vertsi = a. DatumPointByCoordinate（coords=（0, 0, −（hib1+tf）））

pickedCells = a. instances ['hollowplate−1'] . cells [:]

a. PartitionCellByPlanePointNormal （point = datums [vertsi. id], normal = datums [axis3. id], cells=pickedCells）

if heb2 ! =0:

vertsi = a. DatumPointByCoordinate（coords=（0, 0, −（heb2+tf）））

pickedCells = a. instances ['hollowplate−1'] . cells [:]

a. PartitionCellByPlanePointNormal （point = datums [vertsi. id], normal = datums [axis3. id], cells=pickedCells）

##########

#mesh #

##########

import mesh

Assign the mesh control

region = myAssembly. instances ['hollowplate−1'] . cells

myAssembly. setMeshControls （regions=region, elemShape=HEX）

Assign an element type to the part instance.

region = （myAssembly. instances ['hollowplate−1'] . cells,）

elemType =mesh. ElemType （elemCode=C3D8R, elemLibrary=STANDARD）

myAssembly. setElementType （regions=region, elemTypes=（elemType,））

Seed the part instance.

region = （myAssembly. instances ['hollowplate−1'],）

myAssembly. seedPartInstance （regions=region, size=0. 2）

Mesh the part instance.

myAssembly. generateMesh （regions=region）

```
mdb. saveAs (pathName='d: /Temp/example') # save the CAE file
##########
#  job  #
##########
jobName = 'pt%d'% (counter)
myJob= mdb. Job (name = jobName, model = 'Plate -%d'% (counter), description = '
hollow concrete plate', \
    memory=75, numDomains=4, numCpus=2)
# Wait for the job to complete.
myJob. submit ()
myJob. waitForCompletion ()
o3 =session. openOdb (name='d: /Temp/pt%d'% (counter) +'. odb')
session. viewports ['plateviewport']. setValues (displayedObject=o3)
session. viewports ['plateviewport']. odbDisplay. freeBodyOptions. setValues (showForce=
OFF, \
    constantLengthArrow=ON, vectorDisplay=VECTOR_ COMPONENT)
import displayGroupOdbToolset as dgo
leaf =dgo. LeafFromSurfaceSets (surfaceSets= ('NZB1',) )
session. FreeBodyFromFaces (name='NZB1', faces=leaf, summationLoc=CENTROID, \
    componentResolution=CSYS, csysName=GLOBAL)
……
#显示各控制截面的内力, 由于篇幅有限, 仅示出一例'NZB1'
session. viewports ['plateviewport']. odbDisplay. setValues (freeBodyNames= ( \
    'NZB1', 'NZCS1', 'NZMS', 'NZB2', 'NZCS2', 'NZMSL', 'NZMSR', \
    'NFB1', 'NFCS1', 'NFMS', 'NFB2', 'NFCS2', 'NFMSL', 'NFMSR', \
    'DNFB1', 'DNFCS1', 'DNFMS', 'DNFB2', 'DNFCS2', 'DNFMSL', 'DNFMSR', \
    'DZB1', 'DZCS1', 'DZMS', 'DZB2', 'DZCS2', 'DZMSL', 'DZMSR', \
    'DWFB1', 'DWFCS1', 'DWFMS', 'DWFB2', 'DWFCS2', 'DWFMSL', 'DWFMSR'),
freeBody=ON)
```

odb = session. odbs［'d：\ \ Temp \ \ pt%d'% （counter） +'. odb'］

session. writeFreeBodyReport （fileName='d：\ \ Temp \ \ pt%d'% （counter） +'. rpt'，append=ON，step=0，frame=6，odb=odb）

mdb. save （）

#截面内力保存在' pt%d'% （counter）'文件内，可用脚本直接提取，由于篇幅有限，此处略#